Python
実践
機械学習システム
100本ノック

下山輝昌・三木孝行・伊藤淳二 著

■**注意**

・ 本書は著者が独自に調査した結果を出版したものです。
・ 本書は内容において万全を期して製作しましたが、万一不備な点や誤り、記載漏れなどお気づきの点がございましたら、出版元まで書面にてご連絡ください。
・ 本書の内容の運用による結果の影響につきましては、上記二項にかかわらず責任を負いかねます。あらかじめご了承ください。
・ 本書の全部または一部について、出版元から文書による許諾を得ずに複製することは禁じられています。

はじめに

施策につなげるという強い意識と、
小さな成果を継続的に生み出すための最小限の仕組化

　ウェブからの情報が手軽に手に入る時代になり、新しいプログラミング言語が簡単に学べるようになりました。そのおかげで、技術障壁は大きく下がり、自分の意志と一台のパソコンさえあれば誰でもエンジニアになれる時代が到来したと言っても良いかもしれません。

　しかしながら、入門書で身に付けた技術をビジネスの現場でどのように活用し、対処していけば良いのか、そうした現場ならではのノウハウは、入門書で技術を学ぶだけでは、決して身に付くものではありません。

　その想いから、前著である『Python実践データ分析100本ノック』が生まれました。この本は、実際のビジネスの現場を想定した100の例題を解くことで、現場の視点が身に付き、技術を現場に即した形で応用できる力を付けられるように設計した問題集です。扱っている技術も、データ加工に始まり、機械学習はもちろんのこと、最適化問題や画像認識、自然言語処理と幅広い技術をビジネスの現場で引き出せるように設計しました。『Python実践データ分析100本ノック』を手に取って、社内外でデータ分析や機械学習等のデータ活用プロジェクトを新たに立ち上げた人や、推進する人たちへの力になっていたらこれほど嬉しいことはありません。

　さて、様々な入門書を通して技術の引き出しを増やしたあなたが現場に入ると、あなたの分析結果や技術が理解されない状況に直面することでしょう。残念ながら、それはほとんどの現場で起きてしまうのです。なぜなのでしょうか。現場に理解されるためには、技術だけでは不十分で、運用を意識し、小さな成果を継続的に生み出すための最小限の仕組化が必要です。最小限の仕組みでも、小さな成果を上げ続けていくことで、少しずつ味方を増やし、文化の醸成につながっていきます。

　本書は、実際のビジネスの現場を想定した100の例題を解くことで、小規模ではありますが継続的にデータ分析や機械学習を回す仕組みを構築していきます。本書の100本ノックを解くことで、パソコン1台で施策を意識した仕組みが構築でき、データ活用プロジェクトを社内外に浸透・定着させ、文化を醸成するための最初の一歩を踏み出せるようになるはずです。本書だけでは、大規模なシステ

はじめに

ムや、様々なツールを使えるようにはなりませんが、データ活用プロジェクトを立ち上げ、きっちりと定着化させていきたいと思っている読者の方には、最初の一歩としてきっと役に立つのではないでしょうか。

　本書の構成は、データ分析システムと機械学習システムの二部構成となります。第1部では、データ分析を行い、その結果を施策につなげるための仕組みを構築していきます。データの加工から始まり、まずは探索的にデータを可視化していきます。また、データ可視化のためのダッシュボードを作成し、様々な角度から分析が可能になるような工夫を行います。それらの中で得られた知見は、施策につなげられるようにエクセル形式のレポートとして表現することに挑戦します。最後に、データが継続的に更新できるようにフォルダ構成等を整理し、小規模な仕組みとして仕上げていきます。第2部では、機械学習のモデル構築を行い、そのモデルを施策につなげるための仕組みを構築していきます。機械学習のためのデータ加工を行った後に、機械学習モデルの構築や評価を行います。その後、機械学習の予測結果を施策につなげるためにレポーティングを実施し、継続的にデータが更新されることを想定した機械学習システムを構築していきます。

　前著『Python実践データ分析100本ノック』と共通する部分はありますが、本書では仕組化に重きを置いています。

なぜ、継続的かつ小規模な仕組化が
データ分析や機械学習プロジェクトで必要なのか

　これからの世の中で、データ活用の重要性は益々認識されていき、データ分析や機械学習などのデータ活用プロジェクトは、企業の業績を決める大きな要因になっていくでしょう。しかしながら、これらのプロジェクトが真に成功している企業は一握りです。それはいったいなぜなのでしょうか。

　その答えは、成果が不確実なプロジェクトの進め方を理解し、適応できていない企業が多いからです。開発する機能がはっきりしている従来型のシステム開発のプロセスとは大きく異なり、データ分析や機械学習は、結果の保証ができません。AIの精度が最初からわかっていたら、誰も苦労しないのです。そのため、仮説構築と検証を繰り返していく体制や仕組が非常に重要になってきます。

　データ活用プロジェクトは、現場から始まるボトムアップ型と、経営陣からの指示でシステム部門や本社部門が担うトップダウン型の2パターンに大別できます。ボトムアップ型の場合は、最初は予算が限られていますが、アンダーグラウ

4

ンド的に小さい規模で始められるので、すぐに成果を求められにくく、現場で始まることから現場感もあります。そのため、最初のうちは上手くいくことが多いです。ただし、社内外で顧客が増えてくると、これまであまりシステム的な要素を意識していなかった弊害が出てきてしまい、人手不足によってパンクするケースが増えてくるのです。

　逆に、トップダウン型の場合、上からの指示ということもあり、予算が確保できるため、最初から可視化システム等のシステム化に舵を切ることが多いでしょう。ここで現場感のある良いシステムができれば現場に大きく浸透しますが、現場感がないシステムの場合、苦労して構築してもあまり使われないものとなってしまうでしょう。よく、「せっかく可視化システムを作ったけど現場の人が使ってくれない」というシステム部門の声と、「あのシステムは使いにくいからエクセルを使っています」という現場の声を耳にします。

　このどちらのパターンにおいても使える最強の進め方が、仕組化を意識した継続性のある小規模システムです。ボトムアップ型の場合、現場で取り組む課題や、現場で使いやすいものは良く理解していると思います。そのため、必要なのはデータの更新やレポーティングを継続的に行える仕組みを最初から頭に入れておくことです。データは更新されるから価値があります。現場感のある良い分析や機械学習の結果が得られたとしても、データが更新された際に対応できなかったり、莫大な労力や時間がかかってしまったら元も子もありません。逆にトップダウン型の場合は、予算が潤沢にあり、仕組化には強いことが多いです。システム化やツール導入ですべて解決する方向に行きがちですが、必要なのは現場に必要な施策を意識し、小規模なプロジェクトを数多く回すことに予算を充てるべきです。現場では、可視化ダッシュボードやCSVダウンロード機能など必要ではなく、簡易的なエクセルのレポートが週次で出てくるのを求めている可能性もあり、それは小規模システムを使って検証していくのがベストです。

　では、我々が考えている小規模システムとはどういったものなのでしょうか。
　それは、データを手動で取り寄せ、プログラムを回すと、Excel等で最新の分析レポートや機械学習の結果を加味したレポートが出力されるレベルです。
　完全なデータ加工の自動化や非常にハイレベルな分析ダッシュボードや機械学習システムは、どんなレポートが最も効果があるのかを小規模システムで検証してからでも遅くはありません。
　この小規模システムは、あなたの目の前にあるパソコン一台で十分に開発できるレベルです。あなたの意志とパソコン一台で、会社ひいては日本のデータ文化を変革できる、そんな可能性を秘めているのです。

本書の効果的な使い方

　本書は、Pythonの入門書ではありません。読者の皆さんが、データ分析や機械学習プロジェクトの担当者として、現場で即戦力として活躍することを目指して作られた実践書です。そこで、全10章それぞれで、自分が実際に直面している状況だと思って取り組むと、最大の効果が得られます。

　まず、各章には、「あなたの状況」が書かれています。これがあなたが実際に置かれているプロジェクトの状況やあなたの想いです。そして、それに続く「前提条件」には、今、あなたが手にしているデータなど、ヒアリング等で得られた情報が記されています。これらを頼りに、あなたなら、どうすればこの状況を打破できるのか、想像してみて下さい。

　各章それぞれのノックは、一緒に働く先輩データサイエンティストからのアドバイスだと捉えると良いかもしれません。まずは何も考えず、素直にアドバイスに従ってみるのも良いでしょう。また、「自分ならこうする」などと、少し異なった視点での分析や施策の立案を行ってみるのも良いでしょう。先輩データサイエンティストは、経験豊富かもしれませんが、案外、初級者のほうが、現場に対して新鮮な視点でものを見ることができることも多いのです。本書の中には、敢えて現場感を出すために、冗長なコードも少し掲載しています。自分なりの視点で、改善案を考えてみるのも、本書ならではの醍醐味の1つです。最も重要なことは、分析の方法は1つではないということです。本書を片手に、エンジニア仲間と一緒に議論してみて下さい。

■動作環境

OS	Windows 10 64bit版 / macOS Mojave
Python	Python 3.7(AnacondaもしくはGoogle Colaboratoryを利用)
Webブラウザ	Google Chrome(Jupyter-Notebook)

　本書では、Jupyter-Notebookをもとに分析を進めていきます。
　各章で必要となるモジュールは異なります。自分の環境にモジュールがインストールされていない場合、「No module named 'モジュール名'」といったエラー

が出ます。その場合、pip等を用いてインストールを行いながら進めて下さい。
本書では特にインストールの方法は説明していません。

　本書で利用しているライブラリとそのバージョンは以下の通りです。

numpy	1.19.0
pandas	1.0.5
openpyxl	3.0.4
scikit-learn	0.23.2
matplotlib	3.3.2
japanize-matplotlib	1.1.2
seaborn	0.11.0
ipywidgets	7.5.1
ipympl	0.5.8
xlrd	1.2.0

サンプルソース

　本書のサンプルは、以下からダウンロード可能です。

　ソースコードを含んだJupyter-Notebook、使用するエクセル、CSVが格納されています。また、Docker環境も用意しておりますので、詳しくは同梱されている「はじめに.txt」をご覧下さい。

https://www.shuwasystem.co.jp/support/7980html/6341.html

目次

はじめに.. 3

本書の効果的な使い方.................................... 6

第1部 データ分析システム

第1章　分析に向けた準備を行う10本ノック　　15

ノック1：データを全て読み込んでみよう................. 17

ノック2：データを結合(ユニオン)してみよう............ 20

ノック3：フォルダ内のファイル名を一覧化してみよう...... 22

ノック4：複数データを結合(ユニオン)してみよう......... 25

ノック5：データの統計量を確認しよう................... 27

ノック6：不要なデータを除外しよう..................... 30

ノック7：マスタデータを結合(ジョイン)してみよう....... 31

ノック8：マスタが存在しないコードに名称を設定しよう..... 33

ノック9：分析基礎テーブルを出力してみよう............. 35

ノック10：セルを整理して使いやすくしよう.............. 36

第2章　データを可視化し分析を行う10本ノック　　41

ノック11：データを読み込んで不要なものを除外しよう..... 42

ノック12：データの全体像を把握しよう.................. 45

ノック13：月別の売上を集計してみよう.................. 47

ノック14：月別の推移を可視化してみよう................ 50

ノック15：売上からヒストグラムを作成してみよう......... 52

ノック16：都道府県別の売上を集計して可視化しよう....... 53

ノック17：クラスタリングに向けてデータを加工しよう..... 56

ノック18：クラスタリングで店舗をグループ化してみよう... 58

ノック19：グループの傾向を分析してみよう.............. 60

ノック20：クラスタリングの結果をt-SNEで可視化しよう.... 61

目次

| 第3章 | 可視化の仕組みを構築する10本ノック | 65 |

ノック21：店舗を絞り込んで可視化できるようにしてみよう . . . 67

ノック22：複数店舗の詳細を可視化できるようにしてみよう . . . 73

ノック23：スライドバーを用いてオーダー件数を調べてみよう . 76

ノック24：トグルボタンで地域データを抽出しよう 78

ノック25：日付を指定してデータを抽出してみよう 81

ノック26：ストーリーを考えてデータを構築しよう 85

ノック27：キャンセルの理由を分析してみよう 91

ノック28：仮説を検証してみよう 92

ノック29：ストーリーをもとにパーツやデータを組み合わせて
　　　　　ダッシュボードを作ろう 96

ノック30：ダッシュボードを改善しよう 103

| 第4章 | レポーティングする仕組みを構築する10本ノック | 109 |

ノック31：特定店舗の売上をExcelにして出力してみよう . . . 111

ノック32：Excelの表を整えて出力してみよう 118

ノック33：売上以外のデータも出力してみよう 121

ノック34：問題のある箇所を赤字で出力してみよう 123

ノック35：エクセルのセル関数で日毎の集計をしてみよう . . . 125

ノック36：折れ線グラフにして出力してみよう 127

ノック37：レポートに向けてデータを準備しよう 130

ノック38：データシートに必要なデータを出力しよう 134

ノック39：サマリーシートを作成しよう 137

ノック40：店舗別にレポートをExcel出力してみよう 143

| 第5章 | 分析システムを構築する10本ノック | 145 |

ノック41：基本的なフォルダを生成しよう 146

ノック42：入力データのチェック機構を作ろう 149

ノック43：レポーティング（本部向け）を関数化してみよう . . . 154

ノック44：レポーティング（店舗向け）を関数化してみよう . . . 159

ノック45：関数を実行し動作を確認してみよう 166

9

目次

ノック46：更新に対応できる出力フォルダを作成しよう 167

ノック47：都道府県別で出力できるように出力フォルダを
拡張してデータを出力しよう 169

ノック48：前月のデータを動的に読み込もう 170

ノック49：実行して過去データとの比較をしてみよう 177

ノック50：画面から実行できるようにしよう 179

第2部 機械学習システム

第6章　機械学習のためのデータ加工をする10本ノック　187

ノック51：データ加工の下準備をしよう 188

ノック52：データの読み込みを行い加工の方向性を検討しよう 191

ノック53：1か月分のデータの基本的な
データ加工を実施しよう 193

ノック54：機械学習に使用する変数を作成しよう 195

ノック55：店舗単位に集計して変数を作成しよう 197

ノック56：データの加工と店舗別集計を関数で実行しよう ... 200

ノック57：全データの読み込みとデータ加工をやってみよう .. 203

ノック58：目的変数を作成しよう 205

ノック59：説明変数と目的変数を紐づけて
機械学習用のデータを仕上げよう 208

ノック60：機械学習用データの確認を行い出力しよう 210

第7章　機械学習モデルを構築する10本ノック　213

ノック61：フォルダ生成をして機械学習用データを読み込もう . 214

ノック62：カテゴリカル変数の対応をしよう 215

ノック63：学習データとテストデータを分割しよう 217

ノック64：1つのモデルを構築しよう 219

ノック65：評価を実施してみよう 220

ノック66：モデルの重要度を確認してみよう 224

ノック67：モデル構築から評価までを関数化しよう 225

10

ノック68：モデルファイルや評価結果を出力しよう 227

ノック69：アルゴリズムを拡張して多角的な評価を実施しよう . 228

ノック70：平日/休日モデルを一度で回せるようにしよう 231

第8章　構築した機械学習モデルで新規データを予測する10本ノック 237

ノック71：フォルダ生成をして
　　　　　データ読み込みの準備をしよう 238

ノック72：予測したい新規データを読み込もう 240

ノック73：新規データを店舗別で集計しよう 241

ノック74：新規データのカテゴリカル変数対応をしよう 245

ノック75：モデルに投入する直前の形式に整えよう 246

ノック76：モデルファイルを読み込んでみよう 247

ノック77：新規データの予測をしてみよう 248

ノック78：予測結果のヒートマップを作成してみよう 250

ノック79：実績データを作成しよう 251

ノック80：現場に向けたレポートを作成し出力しよう 252

第9章　小規模機械学習システムを作成する10本ノック 257

ノック81：フォルダ生成をして初期の変数定義をしよう 259

ノック82：更新データを読み込んで
　　　　　店舗別データを作成しよう 263

ノック83：月次店舗データの更新をしよう 267

ノック84：機械学習用データの作成と更新をしよう 268

ノック85：機械学習モデル用の事前データ加工をしよう 271

ノック86：機械学習モデルの構築・評価をしよう 272

ノック87：新規データ予測に向けた下準備をしよう 278

ノック88：新規データの予測をしよう 279

ノック89：現場向けレポートを作成し出力しよう 280

ノック90：機械学習モデルの精度推移を可視化しよう 283

第10章　機械学習システムのダッシュボードを作成する10本ノック 287

ノック91：単一データの読み込みをしよう 288

11

目次

ノック92：更新データを読み込んで店舗別データを作成しよう．290

ノック93：機械学習モデルの
　　　　　重要変数データを読み込んで結合しよう．......291

ノック94：機械学習モデルの予測結果を読み込んで結合しよう．292

ノック95：機械学習モデル用の事前データ加工をしよう....294

ノック96：店舗分析用ダッシュボードを作成しよう．......296

ノック97：機械学習モデルの
　　　　　精度評価ダッシュボードを作成しよう........299

ノック98：機械学習モデルの
　　　　　混同行列ダッシュボードを作成しよう........301

ノック99：機械学習モデルの変数重要度の
　　　　　分析ダッシュボードを作成しよう...........305

ノック100：機械学習モデルの予測結果検証のための
　　　　　　可視化をしよう.....................308

おわりに...................................311

索引.......................................313

第1部
データ分析システム

　データ分析のゴールは、分析結果から施策を提案し、効果を上げることです。
　一般的な流れとしては、分析設計、データ加工、可視化分析、施策、効果検証となります。そこで十分な効果が得られた場合は、本格的な横展開やシステム化を検討していきます。
　施策は一度実施しただけでは、効果を検証しきれないことが多いため、繰り返しデータを更新して、施策を実施することがあります。データが常に蓄積され、更新に対応できる仕組みを意識して構築していくことが重要です。

分析設計　データ加工　可視化分析　施策　効果検証　システム化 横展開

　第1部では、ピザチェーンをテーマに、データ分析プロジェクトに携わります。あなたは、プロジェクトに参画し、まずは、データの理解から始まり、分析できる形にデータを加工します。その際に、データの結合や、基礎統計量の把握を行います。その後、データを可視化することで、基礎分析を実施します。その中では、教師なし学習のクラスタリングや次元圧縮も取り扱います。それらの知見をもとに、多角的な視点を取り入れるために、分析ダッシュボードを作成し、最終的にはエクセルによるレポーティング作成まで実施します。
　それらを仕組化し、継続的に運用できる形に仕上げていきます。

第1部で取り扱うPythonライブラリ

データ加工：pandas
可視化：matplotlib、seaborn、openpyxl
機械学習：scikit-learn

第1章
分析に向けた準備を行う
10本ノック

　あなたがデータを使って会社を劇的に変えるための第一歩目は、どんなデータがあるかを知り、分析できる形に整えることです。実際のビジネスの現場では、複数のシステムが存在し、また、1つひとつのデータは、分析しやすい形に整えられていない場合がほとんどです。理由は様々ですが、システムが扱いやすいデータと人間が理解しやすい情報は異なるということが挙げられます。例えば日本人向けの資料を作る場合、その資料は日本語で表現されることが多いでしょう。資料の作り手は見る側の人をイメージし、より正確に、より伝わりやすくしようと意識するからです。これに対して、システム上で扱うデータの多くは英数字が連結された状態となっており、それだけを見ても人間には理解できません。システムが処理しやすいようにルール化されたデータを、人間が理解できる形に整えなければならないのです。そのためには、どのようなデータがあるのか、そしてそのデータはどのようなルールによって作られているのかを把握する必要があります。データの理解が進むことで、どのように整形すれば分析に使えるのか、また、分析しやすいデータはどのようなものなのかも見えてくることでしょう。

　まずは第1章で、システムから出力したデータを人間が分析しやすい形に加工する手順を身に付けていきましょう。

ノック1：データを全て読み込んでみよう
ノック2：データを結合(ユニオン)してみよう
ノック3：フォルダ内のファイル名を一覧化してみよう
ノック4：複数データを結合(ユニオン)してみよう
ノック5：データの統計量を確認しよう
ノック6：不要なデータを除外しよう
ノック7：マスタデータを結合(ジョイン)してみよう
ノック8：マスタが存在しないコードに名称を設定しよう
ノック9：分析基礎テーブルを出力してみよう
ノック10：セルを整理して使いやすくしよう

第1部 データ分析システム
第1章 分析に向けた準備を行う10本ノック

 あなたの状況

　早速あなたは、自社のデータを分析してみようと考えます。しかし、データというのはそもそもどのようなものなのでしょうか。システムの運用に係わる部署であればデータを覗く機会があるかもしれませんが、そうでない方々が生のデータを扱う機会はまずありません。

　データを取得するために必要な手続きは会社や現場ごとに異なりますが、ここでは、あなたの趣旨に会社や上司が賛同し、システム部門を通じてデータを提供してもらえることを前提としています。あなたの成果によって、会社がデータ分析部隊を新設するきっかけになるかもしれません。

前提条件

　本章の10本ノックでは、ピザチェーンのデータを扱っていきます。
　データは表に示した3種類5個のデータとなります。
　m_store.csvは店舗マスタで、店舗コードと店舗名、エリアコードを保持しています。
　m_area.csvは地域マスタで、エリアコードとエリア情報、都道府県名を保持しています。店舗マスタとエリアコードを紐づけることで、対象店舗がどのエリアに属するのか確認することができます。
　このように値が必ず一意になる固定的なデータは、マスタデータとして管理されます。
　tbl_order_202004.csvは、このピザチェーンの4月分の注文データです。注文の有無やその内容はその時々で変わりますので、値が一意になることはありません。このような流動的なデータはトランザクションデータとして管理されます。
　tbl_order_202005.csv、tbl_order_202006.csvはそれぞれ注文データの5月分と6月分です。どうやらこのシステムでは注文データが月別で出力されるようです。トランザクションデータは数が非常に多くなることがあるので、予めシステムを構築する段階で、どのくらいの量をどのように管理するのかが考慮されています。このようなデータを上手に扱えるかどうかはあなた次第、ということになります。
　実際のシステムにはもう少し情報がありそうです。顧客マスタや注文詳細データなどが必要になる状況もでくさそうですが、本書では除外し、基本的なデータの扱い方から始めていきましょう。

■表1-1：データ一覧

No.	ファイル名	概要
1	m_area.csv	地域マスタ。都道府県情報等。
2	m_store.csv	店舗マスタ。店舗名等。
3-1	tbl_order_202004.csv	注文データ。4月分。
3-2	tbl_order_202005.csv	注文データ。5月分。
3-3	tbl_order_202006.csv	注文データ。6月分。

ノック1：
データを全て読み込んでみよう

　まずは、3種類のデータをそれぞれ読み込んで、中身を表示してみましょう。3種類のデータは、データベースから抽出したCSV形式のファイルとなります。
　最初に、m_store.csvをJupyter-Notebookで読み込んでみましょう。

```
import pandas as pd
m_store = pd.read_csv('m_store.csv')
m_store
```

■図1-1：m_storeの読み込み結果

1行目で、Pythonライブラリのpandasを読み込みます。import pandasの後ろにas pdと記述し、別名を付けています。

2行目では、pandasのread_csvを使用してm_store.csvファイルを読み込み、データフレーム型の変数m_storeに格納しています。1行目でpandasにpdという別名を付けたことで、pd.read_csvのように省略して記載することができます。

3行目で、変数m_storeの内容を表示しています。データフレームの変数名をそのまま入力すると、データの内容、行数、列数を表示します。データ件数が多い場合、先頭5行と末尾5行のみ表示するので、読み込んだデータの概要を確認するのに適しています。

図1-1の出力結果の一番左側には0からの連番(インデックス)が表示されていますが、データフレームに自動的に設定される行番号となります。

データ件数だけを確認する場合、以下のように記述することもできます。

```
len(m_store)
```

■図1-2：m_storeの件数

```
In [2]: len(m_store)
Out[2]: 197
```

また、データの先頭5件だけを確認する場合、以下のように記述することもできます。

```
m_store.head()
```

■図1-3：m_storeの先頭5件

ノック1：データを全て読み込んでみよう

これらの関数は、状況に応じて使い分けていきましょう。

それでは、他のデータも読み込んでみます。
tbl_orderは複数のファイルがありますが、まずはtbl_order_202004.csvを読み込んでみましょう。
Jupyter-Notebookのセルはデータごとに分けて書いていきます。

```
m_area = pd.read_csv('m_area.csv')
m_area
```

```
tbl_order_4 = pd.read_csv('tbl_order_202004.csv')
tbl_order_4
```

■図1-4：データの読み込み結果

実行すると、それぞれのデータが表示され、内容を確認できます。
読み込んだデータの一部を表示させることで、どのような項目が存在するのか、それぞれの項目の関係性など、データの大枠を掴むことができます。

第1部 データ分析システム
第1章 分析に向けた準備を行う10本ノック

今回のように整形前のデータを扱うこともあれば、整形後のデータを扱うこともあると思います。大事なことは、データは全ての土台であり、ここが正しくできなければ後の分析も誤った内容になるということです。慣れれば簡単にデータを加工できるようになりますが、本当に正しく加工できているか、中身を表示して確認する癖をつけていきましょう。

それでは、今回使用するデータの大枠を掴んでいきましょう。

m_storeには、店舗の名称やエリアコードといった店舗情報が、m_areaには、広域エリア名称や都道府県名が格納されています。

そして、tbl_orderから始まる複数のファイルには、いつ、誰が、どこで、いくら購入したのかなどの注文情報が格納されています。どの商品を幾つ購入したのかという具体的な内容までは保持していないようですが、sales_detail_idという売上詳細IDを持っていますので、詳細な内容を保持した別のデータが存在することがわかります。本書では売上詳細データは使いませんが、もし必要なデータが足りていない状況にある場合、上長やシステム部門等に相談してみるのもよいでしょう。

さて、今回のデータはどのように使っていくのが良いでしょうか。

分析をする際はなるべく粒度の細かいデータを基準にしていきますが、今回は注文詳細データを除外していますので、注文データをベースとして加工していくのが良いでしょう。

注文データをベースに考える場合、大きく2つのデータ加工を行う必要があります。

1つ目は、月ごとに分割されたtbl_orderを縦に結合するユニオンです。

2つ目は、tbl_orderにm_storeとm_areaを横に結合するジョインです。

まずは、データユニオンから見ていきましょう。

🥎 ノック2：
データを結合（ユニオン）してみよう

ここでは、tbl_order_4とtbl_order_5の**ユニオン**に挑戦してみます。

tbl_order_202004.csvは既に読み込んでいるので、tbl_order_202005.csvを読み込み、tbl_order_5というデータフレーム型の変数に格納してみます。

その上で、tbl_order_5の内容を表示してみましょう。

ノック 2：データを結合(ユニオン)してみよう

```
tbl_order_5 = pd.read_csv('tbl_order_202005.csv')
```

```
tbl_order_5
```

■図1-5：データの読み込み結果

ノック1と同じ流れで5月分の注文データを読み込みました。

4月分のデータと項目が同じであることがわかります。

それでは、この2つのデータをユニオンしてorder_allというデータフレーム型の変数に格納してみましょう。

その上で、order_allの内容を表示してみます。

```
order_all = pd.concat([tbl_order_4, tbl_order_5], ignore_index=True)
```

```
order_all
```

■図1-6：データユニオン

21

第1部 データ分析システム
第1章 分析に向けた準備を行う10本ノック

先頭行のpd.concatでユニオンを行っています。ignore_index=Trueはデータフレームごとに持っていたインデックス番号を0から振り直すことを意味しています。ここではインデックスをキーとした操作を行わないのであまり意味はありませんが、状況によってはインデックスをキーとしたデータ加工を行う場合がありますので、もとのインデックスを保持するかどうか、適切に見極める必要があります。

2行目でデータ内容と行数を表示しています。ユニオンした件数が合っているかどうか確認するためには、データフレームの確認で画面表示した件数を単純に合算して比較することもできますし、以下のように検証することもできます。

```
len(order_all) == len(tbl_order_4) + len(tbl_order_5)
```

■図1-7：データ件数比較

```
In [8]: len(order_all) == len(tbl_order_4) + len(tbl_order_5)
Out[8]: True
```

ユニオン後の件数と、4月分に5月分を加算した件数を＝＝で比較しています。Trueの場合は件数が一致、Falseの場合は件数が不一致となります。

これで、ユニオンが完了しました。
しかし、今回のデータには6月分の注文データも用意されています。また、実際には1年につき12ヶ月分のデータが存在するはずです。そのようなデータを1つひとつ処理していく場合、効率よく処理したくなるものです。
次のノックでは、複数のファイルを効率よく処理する方法を意識してみましょう。

ノック3：フォルダ内のファイル名を一覧化してみよう

複数のファイルを連続して読み込むためには、ファイルが格納されたフォルダの中身を調べた上で、フォルダに存在するファイルを順番に処理する必要があります。まずは、カレントディレクトリ（現在の作業フォルダ）を確認してみましょう。

22

```
import os
current_dir = os.getcwd()
current_dir
```

■図1-8：カレントディレクトリの表示

```
ノック3：フォルダ内のファイル名を一覧化してみよう
In [9]:  import os
         current_dir = os.getcwd()
         current_dir
Out[9]:  '/root/jupyter_notebook/codes/1章'
```

　1行目で、Pythonライブラリのosを読み込みます。文字数が短いため別名は付けません。

　2行目では、osのgetcwdを使用してカレントディレクトリを取得し、current_dir変数に格納しています。

　3行目で変数の内容を表示しています。表示内容は環境によって異なりますが、本章ではcsvファイルが格納されたフォルダ上でコードを実行することを前提としています。

　それでは、カレントディレクトリを覗いてみましょう。

```
os.listdir(current_dir)
```

■図1-9：カレントディレクトリの内容を一覧表示

```
In [10]:  # 全てのファイルを一覧表示する
          os.listdir(current_dir)
Out[10]:  ['.ipynb_checkpoints',
           '1章_分析に向けた準備を行う10本ノック.ipynb',
           'm_area.csv',
           'm_store.csv',
           'output_data',
           'tbl_order_202004.csv',
           'tbl_order_202005.csv',
           'tbl_order_202006.csv']
```

　osのlistdirを使用してcurrent_dirの情報を取得しています。

　カレントディレクトリに存在する全てのフォルダ名とファイル名がリストで保持されていることがわかります。

　では、ここで取得した情報をそのまま利用することはできるでしょうか。今回

23

第1部 データ分析システム
第1章 分析に向けた準備を行う10本ノック

使いたいファイルは注文データのcsvファイルだけですから、もう少し工夫してみましょう。

```
tbl_order_file = os.path.join(current_dir, 'tbl_order_*.csv')
tbl_order_file
```

■図1-10：カレントディレクトリの検索キーを設定

```
In [11]: tbl_order_file = os.path.join(current_dir, 'tbl_order_*.csv')
         tbl_order_file
Out[11]: '/root/jupyter_notebook/codes/1章/tbl_order_*.csv'
```

1行目で、osのpath.joinを使用して、カレントディレクトリと注文データファイル名を連結しています。このとき、ファイル名の月にあたる部分にワイルドカードの*を指定することで、注文データファイルだけを検索することができます。

1行目で連結した情報を2行目で表示して、内容を確認しています。

それでは、この内容をもとにカレントディレクトリを検索してみましょう。

```
import glob
tbl_order_files = glob.glob(tbl_order_file)
tbl_order_files
```

■図1-11：カレントディレクトリの注文データを一覧表示

```
In [12]: # 特定のファイルを一覧表示する
         import glob
         tbl_order_files = glob.glob(tbl_order_file)
         tbl_order_files
Out[12]: ['/root/jupyter_notebook/codes/1章/tbl_order_202004.csv',
          '/root/jupyter_notebook/codes/1章/tbl_order_202005.csv',
          '/root/jupyter_notebook/codes/1章/tbl_order_202006.csv']
```

1行目で、Pythonライブラリのglobを読み込みます。

2行目で、先程設定した検索キーに該当するファイルを全て取得し、tbl_order_files変数に格納しています。

3行目で、tbl_order_files変数の内容を表示しています。毎月の注文データが、ディレクトリ情報を含むフルパスで取得できていることが確認できます。

ノック4：複数データを結合(ユニオン)してみよう

⚾ ノック4：
複数データを結合(ユニオン)してみよう

　それでは注文データのユニオンに戻りましょう。先程のノックで注文データファイルの一覧を取得していますので、その一覧をもとに処理を繰り返すことができそうです。

　ただし、いきなり繰り返し処理を行うことはお勧めしません。コードが誤っていた場合に結果がおかしくなってしまいますが、繰り返し処理が終わった後だと、どこが悪かったのか確認するのが面倒になるためです。

　そこで、まずは先程取得したリストを1件だけ処理するコードを書いてみます。

```python
order_all = pd.DataFrame()
file = tbl_order_files[0]
order_data = pd.read_csv(file)
print(f'{file}:{len(order_data)}')
order_all = pd.concat([order_all, order_data], ignore_index=True)
order_all
```

■図1-12：リストの1個目のファイルを指定した処理

　1行目で、処理結果を格納するためのデータフレームを用意します。

25

第1部 データ分析システム
第1章 分析に向けた準備を行う10本ノック

2行目で、リスト内の1個目のファイルを処理対象ファイルとして指定します。

3行目で注文データファイルを読み込み、読み込んだファイル名と件数を4行目で出力しています。print(f'{file}:{len(order_data)}')は表示フォーマットを指定する書き方で、{}の中に変数をそのまま記載できます。4行目の例では、ファイルのフルパスと入力レコード数が：で区切って表示されます。画面表示させるコードをセルの途中に書く場合、print()で囲みます。Python 3.5以前のバージョンをお使いの場合は、従来のformatを指定する方法で記述して下さい。その場合の記載例は、print("{0}:{1}".format(file, len(order_data)))となります。

5行目でデータをユニオンし、6行目でユニオン結果を表示しています。

問題なく処理できていることが確認できましたので、繰り返し処理ができる形に直していきましょう。

```
order_all = pd.DataFrame()
for file in tbl_order_files:
    order_data = pd.read_csv(file)
    print(f'{file}:{len(order_data)}')
    order_all = pd.concat([order_all, order_data], ignore_index=True)
```

■図1-13：繰り返し処理を実行

```
In [14]: # 処理を繰り返す場合
order_all = pd.DataFrame()
for file in tbl_order_files:
    order_data = pd.read_csv(file)
    print(f'{file}:{len(order_data)}')
    order_all = pd.concat([order_all, order_data], ignore_index=True)

/root/jupyter_notebook/codes/1章/tbl_order_202004.csv:233260
/root/jupyter_notebook/codes/1章/tbl_order_202005.csv:241139
/root/jupyter_notebook/codes/1章/tbl_order_202006.csv:233301
```

1行目は前と同じく、処理結果を格納するためのデータフレームの作成です。

2行目でfor文を使用して繰り返し処理をしています。tbl_order_filesから1個ずつ取り出してfileに格納し、3行目から5行目までの処理を行います。for文の記載ルールに合わせ、末尾に：（コロン）を記述し、繰り返す部分のインデントを下げています。

4行目でファイル名と件数を出力することで、どのファイルから何件処理されたのかを見ることができます。途中経過を出力することで、あとどのくらいで処理が終わるのか予測することができますので、状況に応じてこのような情報を出力することを心がけて下さい。

それでは、ユニオン結果を確認してみましょう。

```
order_all
```

■図1-14：繰り返し処理の結果を表示

先頭5件と末尾5件のデータから、データのずれは発生していないことがわかります。

また、表示された件数から、3ヶ月分の注文データがユニオンされていることも確認できました。

ノック5： データの統計量を確認しよう

注文データを1個に纏めることができましたので、データの中身を確認していきましょう。

まずは**欠損値**を確認してみます。欠損値が含まれる場合、集計や機械学習に大きな影響を与える可能性があります。それでは、どの程度の欠損値があるのかを確認してみましょう。

```
order_all.isnull().sum()
```

第1部 データ分析システム
第1章 分析に向けた準備を行う10本ノック

■図1-15：データ欠損値の確認

```
ノック5：データの統計量を確認しよう

In [16]:  order_all.isnull().sum()

Out[16]:  order_id            0
          store_id            0
          customer_id         0
          coupon_cd           0
          order_detail_id     0
          order_accept_date   0
          delivered_date      0
          takeout_flag        0
          total_amount        0
          status              0
          dtype: int64
```

　ユニオン後の注文データであるorder_allに対して、isnullを使用して欠損値
の数を出力しています。isnullを用いると、欠損値をTrue/Falseで返してくれ
ます。そのTrueの数を列毎にsumで集計しています。今回のデータは欠損値が
ない綺麗なデータであることが確認できました。欠損値が存在する場合は、項目
名などから欠損値が存在して良いか確認しましょう。その上で、そのまま処理す
るのか、その行を除外するのか、何かしらの値を設定するのか、状況に応じて決
めていきましょう。クライアントがいる場合は、全体に対してどの程度欠けてい
るかを伝え、除去すべきかどうか確認するのが良いでしょう。

> **note**
>
> 欠損値処理等は、前作『Python実践データ分析100本ノック』で取り扱っていま
> すので、本作と併せてお読みいただくと、より効率良く学習が進められるかと
> 思います。

　次に、注文データの**統計量**を出力してみます。データ全体の数字感を知ってお
くことは、データ分析を進めていく上でとても重要なことです。今回利用する注
文データは売上を含んでいますが、桁が1つ違うだけで規模や影響度合いが大き
く変わってきます。
　それでは、統計量を出力してみましょう。

```
order_all.describe()
```

28

ノック 5：データの統計量を確認しよう

■図1-16：注文データの統計量の確認

	order_id	store_id	coupon_cd	sales_detail_id	takeout_flag	total_amount	status
count	7.077000e+05	707700.000000	707700.000000	7.077000e+05	707700.000000	707700.000000	707700.000000
mean	5.000989e+07	103.934565	49.514363	5.000335e+07	0.259864	2960.651814	3.082908
std	2.889226e+07	86.374451	28.882605	2.885575e+07	0.438560	954.378771	2.836278
min	2.200000e+01	1.000000	0.000000	4.600000e+01	0.000000	698.000000	1.000000
25%	2.501247e+07	51.000000	25.000000	2.504502e+07	0.000000	2308.000000	2.000000
50%	4.999655e+07	99.000000	49.000000	5.004506e+07	0.000000	2808.000000	2.000000
75%	7.508014e+07	148.000000	75.000000	7.499707e+07	1.000000	3617.000000	2.000000
max	9.999980e+07	999.000000	99.000000	9.999965e+07	1.000000	5100.000000	9.000000

（In [17]: order_all.describe()）

　describeを用いると、データ件数（count）、平均値（mean）、標準偏差（std）、最小値（min）、四分位数（25%、75%）、中央値（50%）、最大値（max）を簡単に出力できます。total_amountを見ると、平均は約2960円となっています。今回のケースでは、注文1回あたりの平均購入金額となります。最低金額は698円、最高金額は5100円ということもわかりました。

　横の項目を見ると、total_amount以外にも幾つか出力されていることがわかります。describeは数値データの集計を行ってくれるので、データの型が数値であれば全て集計されますが、中には集計しても意味がないものもあります。例えばorder_idは注文番号ですが、この番号の平均をとることに意味はありません。データ型を変換しておくことで集計対象から除外することができますが、ここでは省略し、第2章で解説します。最小値や最大値を手っ取り早く知りたい、という場合はこの方法がおすすめです。

　また、見たい項目だけを出力する場合、以下のように記述することもできます。

```
order_all['total_amount'].describe()
```

■図1-17：total_amountの統計量

```
In [18]: order_all['total_amount'].describe()
Out[18]: count    707700.000000
         mean       2960.651814
         std         954.378771
         min         698.000000
         25%        2308.000000
         50%        2808.000000
         75%        3617.000000
         max        5100.000000
         Name: total_amount, dtype: float64
```

　今回のデータには注文金額の合計しかありませんが、売上詳細データや顧客データがあれば、統計量から多くの情報を得ることができそうです。

29

第1部 データ分析システム
第1章 分析に向けた準備を行う10本ノック

その他に見ておきたい項目として、データの期間が挙げられます。データ受け渡し時点でのヒアリングやファイル名に付与された数字から期間を判断することもできますが、念のため確認しておくことをお勧めします。

```
print(order_all["order_accept_date"].min())
print(order_all["order_accept_date"].max())
print(order_all["delivered_date"].min())
print(order_all["delivered_date"].max())
```

■図1-18：日付の最小・最大値を確認

```
In [19]: print(order_all["order_accept_date"].min())
         print(order_all["order_accept_date"].max())
         print(order_all["delivered_date"].min())
         print(order_all["delivered_date"].max())

         2020-04-01 11:00:00
         2020-06-30 21:58:58
         2020-04-01 11:10:00
         2020-06-30 22:55:56
```

実行すると、2020年4月1日から2020年6月30日までのデータ範囲であることがわかります。

ノック6：不要なデータを除外しよう

これまでデータの欠損値や統計量を確認してきましたが、中には分析に含めてはいけないデータが紛れていることがあります。不具合で欠損した情報もあれば、システムのテスト段階で作られたデータが紛れていたり、運用保守担当者がデータを作り出すケースもあります。このようなデータは極端な値を持っていたり、顧客コードや店舗コードに保守担当用のコードが設定されている場合があります。除外した方が良いデータがないか、予めヒアリングしておいたり、データの中身から判断していく必要があります。

ノック5で注文金額の最小値と最大値を確認していますが、極端な値はなさそうでした。しかしノック1で読み込んだ店舗マスタから、保守担当用の店舗がstore_id：999で設定されていることがわかりました。ここでは、保守担当店舗の注文データを除外する処理を加えておきましょう。

ノック7：マスタデータを結合(ジョイン)してみよう

```
order_data = order_all.loc[order_all['store_id'] != 999]
```

```
order_data
```

■図1-19：不要なデータを除外した結果

```
ノック6：不要なデータを除外しよう
```

```
In [20]: order_data = order_all.loc[order_all['store_id'] != 999]
         order_data
```

Out[20]:

	order_id	store_id	customer_id	coupon_cd	sales_detail_id	order_accept_date	delivered_date	takeout_flag	total_amount	status
0	79339111	49	C26387220	50	67393872	2020-04-01 11:00:00	2020-04-01 11:18:00	1	4144	1
1	18941733	85	C48773811	26	91834983	2020-04-01 11:00:00	2020-04-01 11:22:00	0	2877	2
2	56217880	76	C66287421	36	64409634	2020-04-01 11:00:00	2020-04-01 11:00:00	0	2603	2
3	28447783	190	C41156423	19	73032165	2020-04-01 11:00:00	2020-04-01 11:16:00	0	2732	2
4	32576156	191	C54568117	71	23281182	2020-04-01 11:00:00	2020-04-01 11:53:00	0	2987	2
...										
707695	90872494	191	C35992970	46	51884378	2020-06-30 21:58:58	2020-06-30 22:43:58	1	2112	1
707696	30167637	35	C53126526	88	6295273	2020-06-30 21:58:58	2020-06-30 22:36:58	0	4462	2
707697	85345862	118	C25099070	32	15733308	2020-06-30 21:58:58	2020-06-30 22:42:58	0	3865	2
707698	73038887	100	C27421314	84	67608099	2020-06-30 21:58:58	2020-06-30 22:21:58	0	3319	2
707699	14799648	39	C90614204	5	13300147	2020-06-30 21:58:58	2020-06-30 22:38:58	0	2064	2

703880 rows × 10 columns

　1行目で、店舗IDが999以外のデータを抽出し、order_data変数に格納しています。

　2行目でorder_dataの件数を確認できますが、除外する前の件数から減っている為、今回のデータに保守店舗のデータが含まれていたことがわかりました。

　このような保守データはいつ作られるかわかりませんので、予め除外する処理を加えておくのが良いでしょう。また、ここでは記載しませんが、**ノック5**で実施したdescribe()を再度実施して、除外した後の統計量を確認しておくのが良いでしょう。

ノック7：
マスタデータを結合(ジョイン)してみよう

　分析のベースとなる注文データが整ってきましたので、次はマスタデータを横に結合してみましょう。これにより、何を意味するのかわかりづらかったコード値に名称が紐づき、分析をしやすくなります。

```
order_data = pd.merge(order_data, m_store, on='store_id', how='left')
```

```
order_data
```

31

第1部 データ分析システム
第1章 分析に向けた準備を行う10本ノック

■図1-20：店舗マスタのジョイン

　1行目で、order_dataとm_storeを**ジョイン**しています。このとき、それぞれに共通する列はstore_idとなります。共通する列をon=に指定することで、紐づく値を横に結合することができます。how=でorder_dataとm_storeのどちらを主軸にするかを指定します。今回はorder_dataに店舗マスタの情報を連結しますので、how='left'と記述します。
　2行目で、店舗マスタの2つの列が追加されたことがわかりました。

　次に、order_dataにエリアマスタをジョインします。

```
order_data = pd.merge(order_data, m_area, on='area_cd', how='left')
order_data
```

32

■図1-21：エリアマスタのジョイン

1行目で、area_cdをキーにレフトジョインしています。area_cdは店舗マスタをジョインして追加される項目なので、店舗マスタをジョインするまではエリアマスタをジョインすることができません。データをジョインする際は、順番とキーを事前に確認しておきましょう。

2行目で、項目が2つ増えていることが確認できます。具体的な値は、出力結果のスクロールバーを横にずらすことで確認できます。

ノック8：
マスタが存在しないコードに名称を設定しよう

注文データを眺めていると、マスタが存在しないコードがあることがわかりました。takeout_flagとstatusという2つの項目は、値を見ることはできますが、マスタが用意されていないため、値が何を意味するのかまでは読み取ることができきません。

実際の現場でもこのようなデータが稀にありますが、担当者が内容を把握していることもありますので、可能であればヒアリングで確認してみましょう。

今回のデータでは、takeout_flagは0：デリバリー、1：お持ち帰りであるこ

第1部 データ分析システム
第1章 分析に向けた準備を行う10本ノック

とが確認できました。order_dataにtakeout_name項目を追加し、それぞれの値に紐づく名称を設定していきます。

```
order_data.loc[order_data['takeout_flag'] == 0, 'takeout_name'] = 'デリバ
リー'
```

```
order_data.loc[order_data['takeout_flag'] == 1, 'takeout_name'] = 'お持ち
帰り'
```

```
order_data
```

■図1-22：takeout_flagの名称を設定

1行目でtakeout_flagが0の全データを抽出し、takeout_nameに一括でデリバリーと設定しています。2行目も同様に、takeout_flagが1の全データに対して、takeout_nameにお持ち帰りを一括で設定しています。

status項目についても確認したところ、0：受付、1：お支払済、2：お渡し済、9：キャンセルであることがわかりました。今回のデータは0：受付を含まないようですが、念のため全ての名称を追加していきます。

```
order_data.loc[order_data['status'] == 0, 'status_name'] = '受付'
```

```
order_data.loc[order_data['status'] == 1, 'status_name'] = 'お支払済'
```

34

ノック9：分析基礎テーブルを出力してみよう

```
order_data.loc[order_data['status'] == 2, 'status_name'] = 'お渡し済'
order_data.loc[order_data['status'] == 9, 'status_name'] = 'キャンセル'
order_data
```

■図1-23：statusの名称を設定

　1～4行目は、先程と同様、コード値に紐づく名称を一括で設定しています。
5行目で、status_nameが追加されたことが確認できました。

ノック9：
分析基礎テーブルを出力してみよう

　注文データの加工が完了しましたので、データフレームの内容をファイルに出
力してみましょう。データを出力しておくことで、別の機能で利用することがで
きるようになりますので、適切なタイミングでの出力を心がけましょう。
　今回は、カレントディレクトリに出力用のフォルダを作成し、CSV形式でファ
イル出力してみます。

```
output_dir = os.path.join(current_dir, 'output_data')
os.makedirs(output_dir, exist_ok=True)
```

35

第1部 データ分析システム
第1章 分析に向けた準備を行う10本ノック

■図1-24：出力フォルダの作成

ノック9：分析基礎テーブルを出力してみよう
In [25]: `output_dir = os.path.join(current_dir, 'output_data')` `os.makedirs(output_dir, exist_ok=True)`

　1行目で、osのpath.joinを用いてcurrent_dirとoutput_dataフォルダを
連結しています。このoutput_dataフォルダが出力用のフォルダです。
　2行目で、osのmakedirsを用いてoutput_dir変数に格納したフォルダを作
成しています。makedirs はフォルダが既に存在するとエラーになりますが、
exist_ok=Trueを記述することでエラーを抑制することができます。
　続けて、データフレームの内容をファイルに出力してみましょう。

```
output_file = os.path.join(output_dir, 'order_data.csv')
order_data.to_csv(output_file, index=False)
```

■図1-25：ファイルの出力

In [26]: `output_file = os.path.join(output_dir, 'order_data.csv')` `order_data.to_csv(output_file, index=False)`

　1行目で、出力用ディレクトリと出力ファイル名を連結しています。
　2行目で、order_dataの内容をto_csvを用いてファイル出力しています。
index=Falseを記述することで、ファイルの読込やユニオンで設定されたイン
デックスを除外しています。出力するデータにインデックスを含めたい場合は、
indexにTrueを指定します。
　これで、出力用ディレクトリにorder_data.csvが出力されました。

ノック10：
セルを整理して使いやすくしよう

　ここまでのノックでファイルの読込から加工、出力までの一連の処理ができあ
がりました。このままでも利用することはできますが、見やすく使いやすい形に
整理してみましょう。

```
# ライブラリのインポート
import pandas as pd
```

36

ノック10：セルを整理して使いやすくしよう

```python
import os
import glob

# ファイルの読込
m_store = pd.read_csv('m_store.csv')
m_area = pd.read_csv('m_area.csv')

# オーダーデータの読込
current_dir = os.getcwd()
tbl_order_file = os.path.join(current_dir, 'tbl_order_*.csv')
tbl_order_files = glob.glob(tbl_order_file)
order_all = pd.DataFrame()

for file in tbl_order_files:
    order_data = pd.read_csv(file)
    print(f'{file}:{len(order_data)}')
    order_all = pd.concat([order_all, order_data], ignore_index=True)

# 不要なデータを除外
order_data = order_all.loc[order_all['store_id'] != 999]

# マスタデータの結合
order_data = pd.merge(order_data, m_store, on='store_id', how='left')
order_data = pd.merge(order_data, m_area, on='area_cd', how='left')

# 名称を設定（お渡し方法）
order_data.loc[order_data['takeout_flag'] == 0, 'takeout_name'] = 'デリバリー'
order_data.loc[order_data['takeout_flag'] == 1, 'takeout_name'] = 'お持ち帰り'

# 名称を設定（注文状態）
order_data.loc[order_data['status'] == 0, 'status_name'] = '受付'
order_data.loc[order_data['status'] == 1, 'status_name'] = 'お支払済'
order_data.loc[order_data['status'] == 2, 'status_name'] = 'お渡し済'
order_data.loc[order_data['status'] == 9, 'status_name'] = 'キャンセル'

# ファイルの出力
```

37

第1部 データ分析システム
第1章 分析に向けた準備を行う10本ノック

```python
output_dir = os.path.join(current_dir, 'output_data')
os.makedirs(output_dir, exist_ok=True)
output_file = os.path.join(output_dir, 'order_data.csv')
order_data.to_csv(output_file, index=False)
```

■図1-26：コードの整理

ノック10：セルを整理して使いやすくしよう

```
In [27]:   # ライブラリのインポート
           import pandas as pd
           import os
           import glob

           # ファイルの読込
           m_store = pd.read_csv('m_store.csv')
           m_area = pd.read_csv('m_area.csv')

           # オーダーデータの読込
           current_dir = os.getcwd()
           tbl_order_file = os.path.join(current_dir, 'tbl_order_*.csv')
           tbl_order_files = glob.glob(tbl_order_file)
           order_all = pd.DataFrame()

           for file in tbl_order_files:
               order_data = pd.read_csv(file)
               print(f'{file}:{len(order_data)}')
               order_all = pd.concat([order_all, order_data], ignore_index=True)

           # 不要なデータを除外
           order_data = order_all.loc[order_all['store_id'] != 999]

           # マスタデータの結合
           order_data = pd.merge(order_data, m_store, on='store_id', how='left')
           order_data = pd.merge(order_data, m_area, on='area_cd', how='left')
```

```
           # 名称を設定 (お渡し方法)
           order_data.loc[order_data['takeout_flag'] == 0, 'takeout_name'] = 'デリバリー'
           order_data.loc[order_data['takeout_flag'] == 1, 'takeout_name'] = 'お持ち帰り'

           # 名称を設定 (注文状態)
           order_data.loc[order_data['status'] == 0, 'status_name'] = '受付'
           order_data.loc[order_data['status'] == 1, 'status_name'] = 'お支払済'
           order_data.loc[order_data['status'] == 2, 'status_name'] = 'お渡し済'
           order_data.loc[order_data['status'] == 9, 'status_name'] = 'キャンセル'

           # ファイルの出力
           output_dir = os.path.join(current_dir, 'output_data')
           os.makedirs(output_dir, exist_ok=True)
           output_file = os.path.join(output_dir, 'order_data.csv')
           order_data.to_csv(output_file, index=False)

/root/jupyter_notebook/codes/1章/tbl_order_202004.csv:233260
/root/jupyter_notebook/codes/1章/tbl_order_202005.csv:241139
/root/jupyter_notebook/codes/1章/tbl_order_202006.csv:233301
```

セルが1つに纏まりましたので、注文データが追加された場合は、この1つのセルを実行するだけで処理を完了させることができます。

今回のコード整理では、以下のポイントを意識しています。

・処理の纏まりを意識してセルの数を減らす
・importを先頭に纏める
・適宜コメントを付ける（# で記載した行はコメントになります）
・データ確認用のコードは必要なものだけを残し、不要なものを除外する（データフレームの表示やhead()など）

この中で大事なことの1つは、適宜コメントを付けるというところです。
　コメントを付ける理由として、コードを他人と共有する際に理解を助けるということがよく言われますが、それだけではありません。
　処理ができ上がると次第にコードの中身は見なくなりますが、改修要望は忘れた頃に発生するものです。1ヶ月後の自分がコードを見て、なぜそうしたのか覚えていないということはよくあることです。未来の自分が困らないためにも、処理の概要や注意点などはコメントとして残しておくことをお勧めします。

これで、最初の10本ノックは終了です。
　ファイルを読み込み、データの中身を確認しつつ加工していく流れを掴んでいただけたと思います。このようなデータ加工は、データ分析や機械学習をする上では必須の作業となりますので、コードの中身まで詳しく説明してきました。
　繰り返しとなりますが、データ加工の段階で誤りがあると、後の可視化や機械学習も間違った結果となってしまいます。このような加工の誤りは現場レベルでは非常に嫌がられ、信用を傷つけることにもなりかねません。自分では気付かなかった誤りをお客様に指摘される、ということが続くと話も聞いてもらえなくなりますので、しっかり時間を割いて、加工したデータの確認をきちんと行いましょう。

第 1 部 データ分析システム
第 1 章 分析に向けた準備を行う 10 本ノック

　次の章では、今回出力したデータを可視化し、簡単な分析を行っていきます。
加工したデータからどのような情報が見えてくるのか、とても楽しみですね。

第2章
データを可視化し分析を行う
10本ノック

　前章ではデータ加工の基本を学び、基礎データを作成しました。ここからは基礎データを利用した分析に入ります。データ分析とはどのようなものか、どうすればデータを読み解いていけるのかを学びます。その中でデータを可視化する技術を身に付け、簡易的な機械学習も実践してみましょう。

ノック11：データを読み込んで不要なものを除外しよう

ノック12：データの全体像を把握しよう

ノック13：月別の売上を集計してみよう

ノック14：月別の推移を可視化してみよう

ノック15：売上からヒストグラムを作成してみよう

ノック16：都道府県別の売上を集計して可視化しよう

ノック17：クラスタリングに向けてデータを加工しよう

ノック18：クラスタリングで店舗をグループ化してみよう

ノック19：グループの傾向を分析してみよう

ノック20：クラスタリングの結果をt-SNEで可視化しよう

第1部 データ分析システム
第2章 データを可視化し分析を行う10本ノック

 あなたの状況

前章でデータ加工の基本をマスターしたあなたは、早速何かしらの傾向を読み取ろうとするのではないでしょうか。一言でデータ分析といっても、さまざまな視点があり、多くの手法が存在します。まずは簡単な分析から始め、大きな視点で捉えつつ、必要な知識と技術を学んでいきましょう。

前提条件

本章では、第1章で作成したデータを扱っていきます。

■表2-1：データ一覧

No.	ファイル名	概要
1	order_data.csv	第1章で作成した注文データ。

 ## ノック11：
データを読み込んで不要なものを除外しよう

まずは第1章の**ノック9**または**ノック10**で出力した注文データ（同じ内容です）を読み込み、中身を確認してみましょう。

```
import pandas as pd
order_data = pd.read_csv('order_data.csv')
print(len(order_data))
order_data.head()
```

42

ノック11：データを読み込んで不要なものを除外しよう

■図2-1：order_dataの読み込み結果

```
2章 データを可視化し分析を行う10本ノック

ノック11：データを読み込んで不要なものを除外しよう

In [1]: import pandas as pd
        order_data = pd.read_csv('order_data.csv')
        print(len(order_data))
        order_data.head()

        703880
```

	order_id	store_id	customer_id	coupon_cd	sales_detail_id	order_accept_date	delivered_date	takeout_flag	total_amount	status	store_name	area_cd	w
0	79339111	49	C26387220	50	67393872	2020-04-01 11:00:00	2020-04-01 11:18:00	1	4144	1	浅草店	TK	
1	18941733	85	C48773811	26	91834983	2020-04-01 11:00:00	2020-04-01 11:22:00	0	2877	2	目黒店	TK	
2	56217880	76	C66287421	36	64409634	2020-04-01 11:00:00	2020-04-01 11:15:00	0	2603	2	本郷店	TK	
3	28447783	190	C41156423	19	73032165	2020-04-01 11:00:00	2020-04-01 11:16:00	0	2732	2	栃木店	TO	
4	32576156	191	C54568117	71	23281182	2020-04-01 11:00:00	2020-04-01 11:53:00	0	2987	2	伊勢崎店	GU	

問題なくデータを読み込むことができました。ではこのデータをそのまま分析、といきたいところですが、今回の分析で必要のないデータも含まれていますので、それらを除外していきたいと思います。

```
order_data = order_data.loc[(order_data['status'] == 1)|(order_data['statu
s'] == 2)]
print(len(order_data))
order_data.columns
```

■図2-2：絞り込み結果

```
In [2]: order_data = order_data.loc[(order_data['status'] == 1)|(order_data['status'] == 2)]
        print(len(order_data))
        order_data.columns

        574436

Out[2]: Index(['order_id', 'store_id', 'customer_id', 'coupon_cd', 'sales_detail_id',
               'order_accept_date', 'delivered_date', 'takeout_flag', 'total_amount',
               'status', 'store_name', 'area_cd', 'wide_area', 'narrow_area',
               'takeout_name', 'status_name'],
              dtype='object')
```

1行目でlocを使い、statusが1か2のデータだけを抽出しています。**ノック8**でstatus=0は受付、status=9はキャンセルであることが分かっています。この章での分析は金額がメインとなるためそれらを除外しますが、注文回数やキャンセル回数を見るなど、分析の視点によっては含めたままの状態が望ましい場合もあります。どのデータをどの時点で除外するかの考慮はとても大事で、欲しかった情報が早い段階で削除されていた、ということもよくあります。データ加工の

43

第1部 データ分析システム
第2章 データを可視化し分析を行う10本ノック

際は、どのタイミングで追加や削除ができるかを意識してみて下さい。

　なお、locで複数条件を指定する場合、1つひとつの条件を( )で括り、&(and)か¦(or)の記号でつなぐ点に注意して下さい。

　続いて、不要な項目を除外します。

```
analyze_data = order_data[['store_id', 'customer_id', 'coupon_cd', 'order_
accept_date', 'delivered_date', 'total_amount', 'store_name', 'wide_area',
'narrow_area', 'takeout_name', 'status_name']]
print(analyze_data.shape)
analyze_data.head()
```

■図2-3：分析用データ

　order_dataの項目を絞ってanalyze_dataに格納しています。今回のデータはそれほど大きくありませんが、レコード数や項目数が非常に多いデータを扱う場合、処理対象のデータはなるべく少なくしておいた方が、処理速度やメモリ使用量の面で良いと思います。因みに項目数が多いと1つひとつ書くのが大変ですので、1つ前のセルのorder_data.columnsで画面表示した項目名をコピー＆ペーストし、不要な項目を削っています。

　この方法はあくまでも複数ある手段の1つで、他のやり方としては一旦全ての項目をanalyze_dataに追加し、不要な項目を後から指定して削除する、ということもできます。状況に応じた効率的な加工を意識してみて下さい。

44

ノック12：データの全体像を把握しよう

ノック12：
データの全体像を把握しよう

次に、分析用データの統計量を確認します。**ノック5**で書いた describe() を用いて、改めて確認してみます。

```
analyze_data.describe()
```

■図2-4：分析用データの統計量

ノック12：データの全体像を把握しよう

```
In [4]:  analyze_data.describe()
```

Out[4]:

	store_id	coupon_cd	total_amount
count	574436.000000	574436.000000	574436.000000
mean	99.113844	49.478758	2960.087555
std	55.913615	28.888993	954.282731
min	1.000000	0.000000	698.000000
25%	51.000000	24.000000	2308.000000
50%	99.000000	49.000000	2808.000000
75%	147.000000	75.000000	3617.000000
max	196.000000	99.000000	5100.000000

describe() は数値型の項目を対象に集計を行いますので、store_id と coupon_cd も集計されています。改めて**データ型**を確認してみましょう。

```
analyze_data.dtypes
```

■図2-5：分析用データのデータ型（変更前）

```
In [5]:  analyze_data.dtypes
Out[5]:  store_id            int64
         customer_id         object
         coupon_cd           int64
         order_accept_date   object
         delivered_date      object
         total_amount        int64
         store_name          object
         wide_area           object
         narrow_area         object
         takeout_name        object
         status_name         object
         dtype: object
```

それぞれ数値型のint64となっています。では、文字列型に変更してみましょう。

45

第1部 データ分析システム
第2章 データを可視化し分析を行う10本ノック

```
analyze_data[['store_id', 'coupon_cd']] = analyze_data[['store_id', 'coupo
n_cd']].astype(str)
```

```
analyze_data.dtypes
```

■図2-6：分析用データのデータ型（変更後）

```
In [6]:  analyze_data[['store_id', 'coupon_cd']] = analyze_data[['store_id', 'coupon_cd']].astype(str)
         analyze_data.dtypes

         C:\ProgramData\Anaconda3\lib\site-packages\pandas\core\frame.py:3494: SettingWithCopyWarning:
         A value is trying to be set on a copy of a slice from a DataFrame.
         Try using .loc[row_indexer,col_indexer] = value instead

         See the caveats in the documentation: http://pandas.pydata.org/pandas-docs/stable/user_guide/indexing.html#returning-a-view-versus-a-copy
           self[k1] = value[k2]

Out[6]:  store_id            object
         customer_id         object
         coupon_cd           object
         order_accept_date   object
         delivered_date      object
         total_amount        int64
         store_name          object
         wide_area           object
         narrow_area         object
         takeout_name        object
         status_name         object
         dtype: object
```

　2つの項目に.astype(str)を指定することで文字列型に変更され、型表示がobjectに変わりました。ちょっと気になったのは、このコマンドを実行した際、Jupyter-Notebook上でワーニング（warning）が表示されたようです。今回はanalyze_dataの型を変えたのですが、本来はanalyze_dataの参照元であるorder_dataの型を変えるべき、というのがワーニングの原因のようです。データをうまく整理できていればこの状況は回避できると思いますが、処理が込み入ってくると、そうも言っていられない場合があります。また、型変換は後からでもできますので、必要なタイミングで実施すれば良いと思います。そこで予備知識として、ワーニングを表示しないためのコードも入れておきましょう。

```
import warnings
```

```
warnings.filterwarnings('ignore')
```

　あくまでも予備知識です。なるべくワーニングが出ない書き方を意識してみて下さい。
　ではもう一度describeで表示してみましょう。

```
analyze_data.describe()
```

■図2-7：分析用データの統計量

```
In [8]: analyze_data.describe()
Out[8]:
              total_amount
       count  574436.000000
        mean    2960.087555
         std     954.282731
         min     698.000000
         25%    2308.000000
         50%    2808.000000
         75%    3617.000000
         max    5100.000000
```

　これで、数値型のtotal_amountだけが集計されましたが、ここで確認できる
値は全体としての統計であり、ピザチェーンのグループ全体としての売上がどう
なのか、という見方です。ここからはもう少し掘り下げ、どういう視点で見るこ
とができるのかを考えていきましょう。

ノック13：
月別の売上を集計してみよう

　それでは一歩踏み込んだ視点でデータを覗いてみましょう。ここまでに売上の
総計を見ることができましたが、さすがにこの粒度で見つけられることには限界
があります。そこで、データを月別に集計してみましょう。今回のデータには日
時の項目が2つあり、月の集計に利用できそうです。ですが、どちらもobject
型となっており、そのままでは集計できません。そこで、まずは日時型に変換し、
さらに年月項目を作成していきましょう。

```
analyze_data['order_accept_date'] = pd.to_datetime(analyze_data['order_acc
ept_date'])
analyze_data['order_accept_month'] = analyze_data['order_accept_date'].dt.
strftime('%Y%m')
analyze_data[['order_accept_date', 'order_accept_month']].head()
```

第1部 データ分析システム
第2章 データを可視化し分析を行う10本ノック

■図2-8：注文受付日時の編集

```
ノック13：月別の売上を集計してみよう

In [9]:  analyze_data['order_accept_date'] = pd.to_datetime(analyze_data['order_accept_date'])
         analyze_data['order_accept_month'] = analyze_data['order_accept_date'].dt.strftime('%Y%m')
         analyze_data[['order_accept_date', 'order_accept_month']].head()

Out[9]:
        order_accept_date  order_accept_month
   0    2020-04-01 11:00:00        202004
   1    2020-04-01 11:00:00        202004
   2    2020-04-01 11:00:00        202004
   3    2020-04-01 11:00:00        202004
   4    2020-04-01 11:00:00        202004
```

　1行目でpandasのto_datetimeを利用して、order_accept_dateを日時に
変換しています。そして2行目で、order_accept_dateをもとにorder_
accept_monthを追加しています。dt.strftimeは列を任意のフォーマットの文
字列に一括変換する関数です。%Y%mで年月のフォーマットを指定しています。

　この章で使用する日付はorder_accept_dateのみですが、念のため
delivered_dateも同様に変換しておきましょう。複数の日時項目が存在する場
合、各項目の差分を計算して所要日数や所要時間を取得するケースもあります。
型の変換が中途半端だと、いざ使おうとした場合に混乱することがありますので、
すぐ使わなくても型は揃えておくのが良いでしょう。

```
analyze_data['delivered_date'] = pd.to_datetime(analyze_data['delivered_da
te'])

analyze_data['delivered_month'] = analyze_data['delivered_date'].dt.strfti
me('%Y%m')

analyze_data[['delivered_date', 'delivered_month']].head()
```

■図2-9：配達完了日時の編集

```
In [10]:  analyze_data['delivered_date'] = pd.to_datetime(analyze_data['delivered_date'])
          analyze_data['delivered_month'] = analyze_data['delivered_date'].dt.strftime('%Y%m')
          analyze_data[['delivered_date', 'delivered_month']].head()

Out[10]:
        delivered_date  delivered_month
   0    2020-04-01 11:18:00        202004
   1    2020-04-01 11:22:00        202004
   2    2020-04-01 11:15:00        202004
   3    2020-04-01 11:16:00        202004
   4    2020-04-01 11:53:00        202004
```

　同様に処理できました。では、改めてanalyze_dataのデータ型を確認してみ
ましょう。

ノック13：月別の売上を集計してみよう

```
analyze_data.dtypes
```

■図2-10：日時のデータ型確認

```
In [11]: analyze_data.dtypes

Out[11]: store_id                object
         customer_id             object
         coupon_cd               object
         order_accept_date       datetime64[ns]
         delivered_date          datetime64[ns]
         total_amount            int64
         store_name              object
         wide_area               object
         narrow_area             object
         takeout_name            object
         status_name             object
         order_accept_month      object
         delivered_month         object
         dtype: object
```

それぞれの日時がdatetime64[ns]に変更され、日時項目として利用できるようになりました。それでは、統計データを月別で見てみましょう。

```
month_data = analyze_data.groupby('order_accept_month')
month_data.describe()
```

■図2-11：月別の統計データ

```
In [12]: month_data = analyze_data.groupby('order_accept_month')
         month_data.describe()

Out[12]:
```

	total_amount							
	count	mean	std	min	25%	50%	75%	max
order_accept_month								
202004	189414.0	2959.440638	954.271169	698.0	2308.0	2808.0	3586.0	5100.0
202005	195684.0	2960.327799	954.823248	698.0	2308.0	2808.0	3586.0	5100.0
202006	189338.0	2960.486437	953.740057	698.0	2308.0	2808.0	3617.0	5100.0

月別に見るということは、月別のグループを作成して、グループ毎に計算させるということです。コードを見ると、analyze_dataのorder_accept_monthをキーにgroupby()を行い、month_dataに結果を格納しています。これにdescribe()を実行することで、月別の統計が行われます。次のように書くことで、合計金額も確認できます。

```
month_data.sum()
```

49

■図2-12：月別の統計データ（合計）

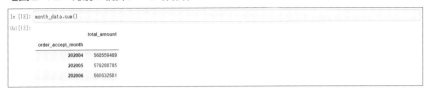

ここでは月別の推移を確認しましたが、同じような集計ができる情報は他にもあります。例えば、地域別に集計するとどうなるか？　店舗別では？　というように視点を変えることで、シンプルに分析を始めていくことができますね。

ノック14：
月別の推移を可視化してみよう

ノック13では月別の売上を表形式で捉えましたが、ここでは同じ内容をグラフで可視化してみましょう。データを捉える上で、昔ながらの表形式を好む人も一定数いるのですが、実は表形式は値の比較には向いていません。表の中から数字を拾って比較する、というステップが見る側に求められ、全体を正しく順位付けするためには頭の中で計算し続けなければならないからです。そのような計算をするまでもなく直感的な理解が得られる、という点で、グラフを利用した可視化は非常に重要です。情報を落としつつもわかりやすく可視化するというのは、簡単そうに思えますが実はとても奥が深く、それだけで壮大なテーマとなります。当たり前のことと思われがちですが、グラフを用いた可視化はデータの理解を助ける大事なテクニックで、その効果がどれほど大きいかまで認識している人は意外にも少ないのです。

本格的な可視化のテクニックは別の機会に掘り下げることとし、本書ではPythonでできる、簡易的かつ現場で役立つ技術を身に付けていきましょう。まずはPythonライブラリのmatplotlibを利用します。

```
import matplotlib.pyplot as plt
%matplotlib inline
month_data.sum().plot()
```

■図2-13：月別の売上合計推移

　最初に**matplotlib**をインポートします。pyplotはmatplotlibパッケージのモジュールで、1行目のようにpltと略して記載するのが一般的です。2行目の%matplotlib inlineは、Jupyter Notebookでノートブック上にグラフを描画する場合に記述します。そして合計金額を見るためにmonth_dataをsum()で集計し、plot()でグラフ化しています。

　単純に数字で比較するよりも、5月の売上が他より伸びていることを直感的に捉えられますね。それでは次に、売上の平均額を可視化してみましょう。

```
month_data.mean().plot()
```

■図2-14：月別の平均額推移

　sum()をmean()に変更しています。月平均の場合、6月の金額が5月をわずかに上回っており、合計金額と異なる傾向が見られることが確認できました。このような傾向を見ていくと、普段の売上がどの程度で、売上が上がったときどのような施策を打っていたかなどの分析をすることができますね。

ノック15：
売上からヒストグラムを作成してみよう

次に、売上金額から**ヒストグラム**を作成してみましょう。ヒストグラムを作成することで、売上の分布を見ることができます。どのようなものか、まずは出力してみましょう。

```
plt.hist(analyze_data['total_amount'])
```

■図2-15：ヒストグラム

plt.hist()で対象データを指定するだけで、簡単に表示できました。横軸が価格帯、縦軸がレコード数です。結果を見ると、1オーダーあたり2,000円〜3,000円の注文が入ることが多いようです。これを地域や店舗といった単位で見ることで、客層の特徴を掴む手掛かりに使えそうです。また、次の施策を練る上でも大事な要素になります。パーティーメニューを用意する場合に、どのくらいの価格まで許容され、需要とマッチするかなどを検討する材料になります。

今回作成したヒストグラムでは、横軸は10個の階級に分けられています。階級の数を指定しなければ自動的に設定されますが、意図的に変更することもできます。もう少し細かい階級に分けてみましょう。

```
plt.hist(analyze_data['total_amount'], bins=21)
```

■ 図2-16：ヒストグラム（ビンを変更）

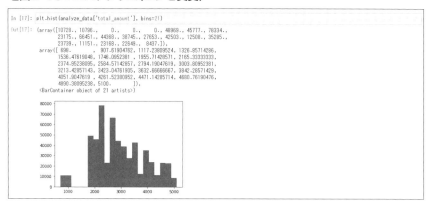

ビン（bins）を指定することで、横軸の数が変わりました。こうして見ると、実際にはもう少し凹凸があることがわかります。最適な階級数を算出する公式もあるのですが、ここでは省略します。どの粒度で見るべきかは状況によって変わりますので、まずは自動的に出力されたものを見るところから始めましょう。あまり細かくしすぎると、1つひとつの凹凸に対する説明が難しくなります。ビンを変えることでどのような傾向が見られ、どのように読み解くことができるか、その説明に納得感が得られるかを考えるのが良いでしょう。

ノック16：
都道府県別の売上を集計して可視化しよう

分析の粒度をさらに細かくしていきましょう。分析をする際は大きなところから捉えてブレイクダウンしていくのがスムーズです。そこで、ここでは地域別の売上を確認してみましょう。今回のデータではwide_areaとnarrow_areaが用意されています。**ノック1**で読み込んだ地域マスタを確認するとnarrow_areaは都道府県、wide_areaは北関東の3県が1つに纏められているようです。ここでは都道府県ごとの集計をしたいので、narrow_areaを使用します。それでは月別かつ都道府県別の売上を、**ピボットテーブル**を使った**クロス集計**で表示してみましょう。

第1部 データ分析システム
第2章 データを可視化し分析を行う10本ノック

```
pre_data = pd.pivot_table(analyze_data, index='order_accept_month', column
s='narrow_area', values='total_amount', aggfunc='mean')
pre_data
```

■図2-17：都道府県別の売上

ノック16：都道府県別の売上を集計して可視化しよう

In [18]: pre_data = pd.pivot_table(analyze_data, index='order_accept_month', columns='narrow_area', values='total_amount', aggfunc='mean')
         pre_data

Out[18]:
narrow_area	千葉	埼玉	東京	栃木	神奈川	群馬	茨城
order_accept_month							
202004	2959.062000	2976.519634	2960.592173	2992.173548	2948.001171	2942.046543	2947.479814
202005	2953.545504	2977.290771	2962.603059	2998.165682	2949.597054	2948.269611	2941.796835
202006	2955.761885	2976.988380	2962.949987	2991.542844	2950.520464	2945.504744	2935.951783

　pandas.pivot_table()でクロス集計を行っています。カンマ区切りの引数は
以下のようになります。

　　引数1：集計対象データとしてanalyze_data
　　引数2：index　　　：行名として'order_accept_month'
　　引数3：columns　　：列名として'narrow_area'
　　引数4：values　　　：使用する値として'total_amount'
　　引数5：aggfunc　　：集計方法として'mean'（平均値）

　このようなクロス集計表はよく見るものだと思います。しかし、この表の中で
順位付けを行うのは難しいと思いませんか？　表が細かくなればなるほど、見る
のがつらくなります。そこで、特徴を容易に捉えるための可視化が必要になって
くるのです。では、この結果をグラフで可視化してみましょう。

```
import japanize_matplotlib
plt.plot(list(pre_data.index), pre_data['東京'], label='東京')
plt.plot(list(pre_data.index), pre_data['神奈川'], label='神奈川')
plt.plot(list(pre_data.index), pre_data['埼玉'], label='埼玉')
plt.plot(list(pre_data.index), pre_data['千葉'], label='千葉')
plt.plot(list(pre_data.index), pre_data['茨城'], label='茨城')
plt.plot(list(pre_data.index), pre_data['栃木'], label='栃木')
plt.plot(list(pre_data.index), pre_data['群馬'], label='群馬')
plt.legend()
```

■図2-18：都道府県別売上のグラフ

1行目でjapanize_matplotlibをインポートしていますが、これは凡例を日本語で表示するためです。実はmatplotlibは日本語に対応していないので、インポートしていないとlabelを日本語で正しく表示することができません。label = 'Tokyo'と英語表記すれば良いのですが、状況によっては日本語を使いたい場合があると思います。そのような場合、japanize_matplotlibをインポートするだけで済みますので、是非覚えておいて下さい。

2行目以降で、**ノック14**で定義したpltに各都県の値を設定していますが、plot()の引数は以下の通りです。

　　引数1：インデックス(行)のリスト
　　引数2：利用するカラム(列)
　　引数3：凡例に表示する値

これで、地域ごとの平均売上が可視化されました。都道府県での金額差はわずかなものですが、栃木の平均売上が最も高く、茨城の金額が徐々に下がってきていることが確認できます。

第1部 データ分析システム
第2章 データを可視化し分析を行う10本ノック

ノック17：
クラスタリングに向けて
データを加工しよう

　ここまでくれば、分析の視点を店舗までブレイクダウンすることができます。では、全店舗の売上を一度にグラフ化するとどうなるでしょう。**ノック1**で店舗マスタを読み込みましたが、200近い店舗がありました。これをそのまま可視化しても、対象が多すぎて、特徴を捉えるのが難しいでしょう。

　都道府県毎に分けてみたり、特定の店舗だけを見るなど、手段はいろいろありますが、ここから先はクラスタリングによる店舗のグループ化を検討してみましょう。店舗毎の特徴をもとに幾つかのグループに分けることができれば、グループの特徴に合わせた対応をとることができるかもしれません。そこで、まずは注文データを店舗毎に集計し、クラスタリングに使用できる状態にしましょう。

```
store_clustering = analyze_data.groupby('store_id').agg(['size', 'mean',
'median', 'max', 'min'])['total_amount']
store_clustering.reset_index(inplace = True, drop = True)
print(len(store_clustering))
store_clustering.head()
```

■図2-19：店舗別の統計量

```
ノック17：クラスタリングに向けてデータを加工しよう
```

In [20]:
```
store_clustering = analyze_data.groupby('store_id').agg(['size', 'mean', 'median', 'max', 'min'])['total_amount']
store_clustering.reset_index(inplace = True, drop = True)
print(len(store_clustering))
store_clustering.head()
```

198

Out[20]:

	size	mean	median	max	min
0	2877	3129.834897	3050	5100	1857
1	2294	2989.003923	2677	5100	698
2	3776	2947.170286	2808	5100	698
3	1740	3074.770115	2877	4744	1899
4	2760	2845.661594	2791	4744	698

　analyze_dataをstore_id でgroupby()しています。集計する値はtotal_amountとし、agg()でオーダー数、平均値、中央値、最大値、最小値を算出して、store_clusteringに格納しています。2行目のreset_index(inplace = True,

56

drop = True）でインデックスを振り直しているのですが、この後クラスタリング結果を可視化するための加工です。インデックスを振り直すケースは稀にありますので、書き方を覚えておくと良いでしょう。3行目でグループ化した結果が店舗数と同数であることを確認し、最後にデータの中身を確認しています。

これでクラスタリングの準備ができたのですが、クラスタリングの前に、各店舗の状況を可視化してみましょう。matplotlibでも可視化することはできるのですが、ここでは**seaborn**ライブラリを利用してみます。

```
import seaborn as sns
hexbin = sns.jointplot(x='mean', y='size', data=store_clustering, kind='hex')
```

■図2-20：店舗の分布（六角形ビニング）

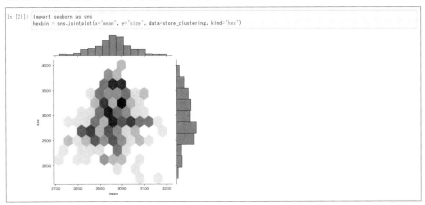

如何でしょう。こんな短いコードですが、とても綺麗なグラフを描けた気になりませんか？

1行目でseabornライブラリをインポートし、as snsで略称を付けています。そして2行目でseabornのjointplot()を用いてグラフを作成しています。引数としてxとyに平均値とオーダー数、dataにstore_clustering、グラフの種類（kind）に'hex'を指定しています。純粋な散布図は点の数がそのままプロットされるのですが、点の数が多すぎると、散布図の効果が発揮できないことがあります。

第1部 データ分析システム
第2章 データを可視化し分析を行う10本ノック

六角形ビニングはエリアを六角形で区切り、そこに含まれる点の数を色の濃さで表現しています。補足として、グラフの種類(kind)を削ると通常の散布図が表示され、kind = 'kde' と記載すると密度が表示されます。

1回あたり2900円から3000円の注文が多いようです。オーダー数にも極端な外れ値がないことが見て取れます。このように加工したデータも可視化することで、分析の視点や切り口が広がりますね。

⚾ ノック18：
クラスタリングで店舗をグループ化してみよう

それでは店舗に対する**クラスタリング**を行いましょう。Pythonの機械学習ライブラリであるscikit-learnをインポートして、**K-means法**でのクラスタリングを行います。本書を手に取ったみなさんであれば、機械学習についての知識は既にあるかもしれませんが、念のため機械学習についても軽く触れておきましょう。

機械学習は大きく分けると、教師あり学習、**教師なし学習**、強化学習の3つに分けられます。中でも多く使われるのは教師あり学習と教師なし学習で、AIがデータを予測、分類するための特徴を人間が定義し、特徴量として与えます。それをAIが学習することで、未知のデータに対する予測、分類ができるようになるのです。

教師あり学習は正解の情報まで与える学習方法で、正解を与えずに学習するのが教師なし学習です。ここで利用するk-means法は、教師なし学習となります。何が正解かを知らないまま、与えられた特徴からデータをグループ分けしていくことができるのです(ここでは、クラスタとグループを同じものとして扱います)。

それでは、実際にクラスタリングを行ってみましょう。

```
from sklearn.cluster import KMeans
from sklearn.preprocessing import StandardScaler
```

ノック18：クラスタリングで店舗をグループ化してみよう

```
sc = StandardScaler()
store_clustering_sc = sc.fit_transform(store_clustering)

kmeans = KMeans(n_clusters=4, random_state=0)
clusters = kmeans.fit(store_clustering_sc)
store_clustering['cluster'] = clusters.labels_
print(store_clustering['cluster'].unique())
store_clustering.head()
```

■図2-21：クラスタリング結果

```
ノック18：クラスタリングで店舗をグループ化してみよう

In [22]: from sklearn.cluster import KMeans
         from sklearn.preprocessing import StandardScaler
         sc = StandardScaler()
         store_clustering_sc = sc.fit_transform(store_clustering)

         kmeans = KMeans(n_clusters=4, random_state=0)
         clusters = kmeans.fit(store_clustering_sc)
         store_clustering['cluster'] = clusters.labels_
         print(store_clustering['cluster'].unique())
         store_clustering.head()

         [0 3 2 1]

Out[22]:
```

	size	mean	median	max	min	cluster
0	2877	3129.834897	3050	5100	1857	0
1	2294	2989.003923	2677	5100	698	3
2	3776	2947.170286	2808	5100	698	2
3	1740	3074.770115	2877	4744	1899	0
4	2760	2845.861594	2791	4744	698	3

　1～2行目で必要なライブラリをインポートし、3～4行目でデータの**標準化**を行っています。今回利用するデータは店舗ごとのオーダー数と売上金額ですが、地域によってオーダー数にばらつきがあり、値のスケールが異なる可能性があります。このように機械学習に利用するデータの桁が違う可能性がある場合、標準化してスケールを合わせる必要があるのです。空行の後でクラスタ数とランダムシードを定義しています。

　今回はクラスタの数を4としていますが、いくつが良いとは一概には言えませんので、クラスタ数を変えて、何度もトライしてみて下さい。ランダムシードを固定するのは、結果が毎回変わるのを防ぐためです。ここを固定しない場合、毎回結果が変わりますので、ある程度分析が進むまでは固定しておく方が良いでしょう。次の行でモデルを構築し、さらに次の行でクラスタリングの結果をstore_clustering['cluster']に格納しています。このようにクラスタリング結果をデー

59

第1部 データ分析システム
第2章 データを可視化し分析を行う10本ノック

タとして持つことで、この後の分析に利用できるようになります。今回は0、1、2、3の4つのグループに分けられました。

ノック19：
グループの傾向を分析してみよう

それでは、4つのグループの傾向を分析してみましょう。まずは、それぞれの件数を確認してみます。

```
store_clustering.columns = ['月内件数', '月内平均値', '月内中央値', '月内
最大値', '月内最小値', 'cluster']
store_clustering.groupby('cluster').count()
```

▛図2-22：グループ毎の件数

ノック19：グループの傾向を分析してみよう

In [23]:
```
store_clustering.columns = ['月内件数', '月内平均値', '月内中央値', '月内最大値', '月内最小値', 'cluster']
store_clustering.groupby('cluster').count()
```

Out [23]:

cluster	月内件数	月内平均値	月内中央値	月内最大値	月内最小値
0	14	14	14	14	14
1	24	24	24	24	24
2	89	89	89	89	89
3	69	69	69	69	69

1行目でstore_clusteringの項目を追加しています。ここで追加する項目はクラスタリングに使用した項目に合わせてあります。そして2行目でclusterをキーとしたグループ化を行い、それぞれの件数をcount()で取得しています。特徴をもとにしたグループ分けなので、クラスタごとの件数は異なります。件数はわかるが平均値はわからない、ということはありませんので、横軸の値は同じになります。

件数だけを見ると、クラスタ2と3が多く、クラスタ0と1が少ないことがわかります。件数が少ないクラスタ0や1に、何かしらの特徴が見られるかもしれません。しかし件数だけではこれ以上の掘り下げは難しいので、各グループの金額がどうなっているか確認してみましょう。

60

ノック20：クラスタリングの結果をt-SNEで可視化しよう

```
store_clustering.groupby('cluster').mean()
```

■図2-23：グループ毎の金額の内訳

In [24]:	store_clustering.groupby('cluster').mean()				
Out [24]:					
	月内件数	月内平均値	月内中央値	月内最大値	月内最小値
cluster					
0	2514.642857	3071.595911	2880.428571	4896.571429	1882.071429
1	2801.583333	3063.532847	3009.375000	5023.666667	758.250000
2	3274.797753	2967.584258	2796.808989	5080.000000	741.325843
3	2616.463768	2887.247467	2728.217391	4756.304348	743.405797

　先程と同様にclusterでグループ化し、平均を求めました。それぞれの値から想像すると、クラスタ0は最低金額が高めなグループ、クラスタ4は売上が低めのグループのようです。今回は与えた特徴が少ないですが、もっと多くの項目を要素として与えることができれば、さらに面白い傾向がでるかもしれません。

　このように教師なし学習では、与えられた特徴を学習して自動的にグループ分けをしてくれるのですが、1つ注意点があります。それは、作られたグループがどういうグループなのか、人間が解釈して説明する必要があるということです。クラスタリングで10個のグループを作ってみても、細かい違いをどう解釈していいかわからないということはよくあります。最適なクラスタの数は状況によって違うのでいろいろ試す、というのはこれが理由です。

ノック20：
クラスタリングの結果を
t-SNEで可視化しよう

　それでは本章の最後に、クラスタリングの結果を可視化してみましょう。今回のデータは5つの項目を持っていますが、項目が多いということは、高次元のデータであると言い換えることができます。この高次元データをそのまま2次元のグラフで表現することはできません。そこで、次元数を減らして可視化できる状態にする必要があるのです。

61

第1部 データ分析システム
第2章 データを可視化し分析を行う10本ノック

　この次元数を減らす行為を**次元削減**といい、教師なし学習のライブラリが用意
されています。次元削減には複数の手法がありますが、今回は**t-SNE**を使ってみ
ましょう。

```
from sklearn.manifold import TSNE
tsne = TSNE(n_components=2, random_state=0)
x = tsne.fit_transform(store_clustering_sc)
tsne_df = pd.DataFrame(x)
tsne_df['cluster'] = store_clustering['cluster']
tsne_df.columns = ['axis_0', 'axis_1', 'cluster']
tsne_df.head()
```

■図2-24：t-SNEでの可視化

```
ノック２０：クラスタリングの結果をt-SNEで可視化しよう
In [25]: from sklearn.manifold import TSNE
         tsne = TSNE(n_components=2, random_state=0)
         x = tsne.fit_transform(store_clustering_sc)
         tsne_df = pd.DataFrame(x)
         tsne_df['cluster'] = store_clustering['cluster']
         tsne_df.columns = ['axis_0', 'axis_1', 'cluster']
         tsne_df.head()
```

	axis_0	axis_1	cluster
0	-5.116744	3.308903	0
1	11.047794	0.016504	3
2	13.164879	9.757247	2
3	-6.517968	1.094347	0
4	-10.660534	-10.523395	3

　1行目でt-SNEのライブラリをインポートし、2行目でt-SNEを定義していま
す。n_components=2で2次元までの削減を指定し、random_state=0でラ
ンダムシードを固定しています。3行目のtsne.fit_transformでモデルを構築
しますが、ここで引数として渡す情報は**ノック18**で作成したstore_
clustering_scとなります。xには2次元に削減された値が格納されますので、4
行目でデータフレームに格納し、5行目でクラスタのIDを連結しています。ここ
で使用するクラスタのIDも**ノック18**で作成した値です。6行目でデータフレー
ムの項目名を再設定し、最後にデータフレームの状態を表示すると、どのような
データが作成されたのか、イメージができましたね。では、散布図で可視化して
みましょう。

62

```
tsne_graph = sns.scatterplot(x='axis_0', y='axis_1', hue='cluster', data=t
sne_df)
```

■図2-25：t-SNEでの可視化結果

　seabornを利用することで、シンプルに可視化することができます。sns.scatterplot()で散布図を指定し、引数としてx軸にaxis_0、y軸にaxis_1を指定しています。dataにtsne_dfを指定することで、xのaxis_0とyのaxis_1がtsne_dfの項目であると認識されます。そしてクラスタごとに色を変えるため、hueにclusterを指定しました。一見するととても綺麗にクラスタリングされたように見えますが、異なるクラスタがわずかに重なったような部分もあります。次元削減も完全ではないので、このような状態はよくあることです。今回は、これだけ分かれていれば十分だと言ってよいのではないでしょうか。

　次元削除されたx軸とy軸が何を意味するのか、それを言葉にして説明するのは簡単ではありません。ここではクラスタリングがうまく行われたことを確認できたことで終了としましょう。ここまでできれば、問題のあるクラスタに属する店舗に絞って調査、分析を行っていくことができますね。

　これで、この章の10本ノックは終了です。
　基礎データを利用して、さらに適切な加工を行い、様々な可視化の手法を取り入れつつ、大きな視点からブレイクダウンして分析を行いました。Pythonのライブラリを利用することで、様々な集計や可視化を効率的に行えることが伝わっ

第1部 データ分析システム
第2章 データを可視化し分析を行う10本ノック

たと思います。この章で紹介した手法や技術は数ある中の1つです。特にグラフ
は一部だけを紹介した形になりましたので、本章で興味をもっていただけたなら、
是非応用する技術を調べてみて下さい。

　分析の知識と技術の基本を身に付けたあなたは、次章でさらに踏み込んだ分析
を行っていきます。ここでの学びから分析の視点が広がることで、様々な仮説が
立てられ、それを証明する手段も身に付いていくでしょう。

第3章
可視化の仕組みを構築する 10本ノック

　これまでは、現場のヒアリングや集まったデータの傾向から「仮説」を構築し、それに基づいて基礎分析やクラスタリング分析を行ってきました。そこで次のステップでは、様々な切り口で動的にデータを可視化することで、現場を知る人に意見をもらい、多角的に仮説や分析結果を評価していきます。

　人にデータを見てもらうためには、見やすさやわかりやすさが重要になってきます。例えば、フィルタ機能を用いて、店舗毎のグラフや詳細なデータを表示させたり、複数の指定した店舗を比較できるように表示させたりしていきます。このように動的にデータを変化させる機能を搭載することで、いちいちプログラムのコードを変更しなくても、必要なデータをスピーディに可視化することができます。このような機能や、複数の情報を効率よくユーザーに届けるための工夫を進めて行くことで、**ダッシュボード**ができあがっていきます。

Column
ダッシュボードとは

　ダッシュボードとは、複数のグラフやデータ等の情報を1つに纏めて、一目でデータを把握できるようにするデータ可視化ツールです。

　データを集約するといっても、ただグラフ等をたくさん表示すればいい訳ではなく、何を見せるか、何を把握してもらうか、といったデータのストーリーまで考えていく必要があり、とても深い知識や経験を必要とします。

　今回は演習としてPythonで簡易的なダッシュボードを作成しますが、TableauやPower BIなどのビジネスインテリジェンスツール(BIツール)を活用するのも有効です。

　データを扱う上で、必ずといって良いほど話題に上がる言葉ですので、是非覚えておいて下さい。

本章で最終的に簡易的なダッシュボードを作成していきますが、どのようなデータを纏めるか等、是非ご自身でもストーリーを考えながらノックを進めて下さい。

それでは、ダッシュボードに向けて、まずはデータを動的に可視化する所から取り組んでいきましょう。

ノック21：店舗を絞り込んで可視化できるようにしてみよう
ノック22：複数店舗の詳細を可視化できるようにしてみよう
ノック23：スライドバーを用いてオーダー件数を調べてみよう
ノック24：トグルボタンで地域データを抽出しよう
ノック25：日付を指定してデータを抽出してみよう
ノック26：ストーリーを考えてデータを構築しよう
ノック27：キャンセルの理由を分析してみよう
ノック28：仮説を検証してみよう
ノック29：ストーリーをもとにパーツやデータを組み合わせて
　　　　　　ダッシュボードを作ろう
ノック30：ダッシュボードを改善しよう

ノック21：店舗を絞り込んで可視化できるようにしてみよう

あなたの状況

これまで行ってきた分析や仮説が正しいか、現場のメンバーにヒアリングをしたいと考えます。しかし、現場のメンバーに見てもらうにしても、データリテラシー（データや知識の活用能力）が低い場合、表やグラフをただ渡しても見向きもしてくれません。

そこで、データを一目で把握できるように簡易的なダッシュボードを作成することにしました。

前提条件

本章で取り扱う基礎データはこれまでと同じものを用います。

■表3-1：データ一覧

No.	ファイル名	概要
1	m_area.csv	地域マスタ。都道府県情報等。
2	m_store.csv	店舗マスタ。店舗名等。
3-1	tbl_order_202004.csv	注文データ。4月分。
3-2	tbl_order_202005.csv	注文データ。5月分。
3-3	tbl_order_202006.csv	注文データ。6月分。

ノック21：
店舗を絞り込んで可視化できるようにしてみよう

今回、jupyter-notebookでフィルタ機能等を搭載するのに「ipywidgets」というライブラリを利用します。

ipywidgetsがインストールされていない環境の場合は、pip等でインストールを行って下さい。pipの場合「pip install ipywidgets」となりますが、pip以外の場合は各環境に応じてインストールを行って下さい。

まずは注文データ4月分、店舗情報、エリア情報を読み込み、情報を結合して

第1部 データ分析システム
第3章 可視化の仕組みを構築する10本ノック

おきます。

　これらの基礎的な処理については前章からの繰り返しとなりますので、説明を割愛していきます。もし分からない部分が出たら、前章を見返して下さい。

```python
import pandas as pd
from IPython.display import display, clear_output


m_store = pd.read_csv('m_store.csv')
m_area = pd.read_csv('m_area.csv')
order_data = pd.read_csv('tbl_order_202004.csv')
order_data = pd.merge(order_data, m_store, on='store_id', how='left')
order_data = pd.merge(order_data, m_area, on='area_cd', how='left')

# マスターにないコードに対応した文字列を設定
order_data.loc[order_data['takeout_flag'] == 0, 'takeout_name'] = 'デリバリー'
order_data.loc[order_data['takeout_flag'] == 1, 'takeout_name'] = 'お持ち帰り'


order_data.loc[order_data['status'] == 0, 'status_name'] = '受付'
order_data.loc[order_data['status'] == 1, 'status_name'] = 'お支払済'
order_data.loc[order_data['status'] == 2, 'status_name'] = 'お渡し済'
order_data.loc[order_data['status'] == 9, 'status_name'] = 'キャンセル'


order_data.head()
```

68

ノック21：店舗を絞り込んで可視化できるようにしてみよう

■図3-1：データの読み込みと結合

```
入力 [1]:  import pandas as pd
          from IPython.display import display, clear_output

          m_store = pd.read_csv('m_store.csv')
          m_area = pd.read_csv('m_area.csv')
          order_data = pd.read_csv('tbl_order_202004.csv')
          order_data = pd.merge(order_data, m_store, on='store_id', how='left')
          order_data = pd.merge(order_data, m_area, on='area_cd', how='left')

          # マスターにないコードに対応した文字列を設定
          order_data.loc[order_data['takeout_flag'] == 0, 'takeout_name'] = 'デリバリー'
          order_data.loc[order_data['takeout_flag'] == 1, 'takeout_name'] = 'お持ち帰り'

          order_data.loc[order_data['status'] == 0, 'status_name'] = '受付'
          order_data.loc[order_data['status'] == 1, 'status_name'] = 'お支払済'
          order_data.loc[order_data['status'] == 2, 'status_name'] = 'お渡し済'
          order_data.loc[order_data['status'] == 9, 'status_name'] = 'キャンセル'

          order_data.head()
```

	order_id	store_id	customer_id	coupon_cd	sales_detail_id	order_accept_date	delivered_date	takeout_flag	total_amount	status	store_name	area_cd	w
0	79339111	49	C26387220	50	67393872	2020-04-01 11:00:00	2020-04-01 11:18:00	1	4144	1	浅草店	TK	
1	18941733	85	C48773811	26	91834983	2020-04-01 11:00:00	2020-04-01 11:22:00	0	2877	2	目黒店	TK	
2	56217880	76	C66287421	36	64409634	2020-04-01 11:00:00	2020-04-01 11:15:00	0	2603	2	本郷店	TK	
3	28447763	190	C41156423	19	73032165	2020-04-01 11:00:00	2020-04-01 11:16:00	0	2732	2	栃木店	TO	
4	32576156	191	C54568117	71	23281182	2020-04-01 11:00:00	2020-04-01 11:53:00	0	2987	2	伊勢崎店	GU	

1行目と2行目は、必要なライブラリや画面上の結果エリアをクリアする処理など、画面系のインポートを行っています。

本章全体に関わる処理なので、先頭で宣言しておきます。

オーダーデータは一旦4月分のみを読み込み、地域データや店舗データ、非マスタ情報の付与等を結合しデータを変数に格納します。

無事、データを結合した注文データが表示されましたら、続いてipywidgetsの機能を実装し、**ドロップダウン**で店舗を選べるようにしていきます。

```python
from ipywidgets import Dropdown


def order_by_store(val):
    clear_output()
    display(dropdown)
    pick_data = order_data.loc[(order_data['store_name']==val['new']) & (o
rder_data['status'].isin([1, 2]))]
    display(pick_data.head())


store_list = m_store['store_name'].tolist()
```

69

```
dropdown = Dropdown(options=store_list)
dropdown.observe(order_by_store, names='value')
display(dropdown)
```

■**図3-2：ipywidgetsの実装、ドロップダウン**

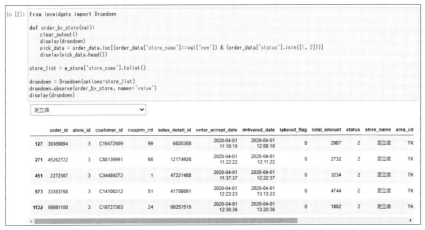

まず、ipywidgetsライブラリからDropdownをインポートします。

次に、ドロップダウンを変化させた時に動く関数「order_by_store」を定義します。

この処理はまず結果エリアのクリアとドロップダウンの再描画を行い、その後、選択された店舗名に該当する注文データを抽出し、画面上に表示する処理が記述されています。その際、ステータスコードが「お支払済(1)、お渡し済(2)」を条件に付与しています。これは、実際に売上として計上してよいデータに限定するためです。ステータスコードが「受付(0)、キャンセル(9)」は、実際に決済が行われていないデータなので、売上の計上からは除外する必要があります。

次に、関数外で店舗情報から店舗名のリストを作成し、ドロップダウンオブジェクトを生成します。生成したドロップダウンの変化を検知したら関数「order_by_store」が実行されるように設定し、画面上にドロップダウンを表示します。

実際に動作を実行し、ドロップダウンの店舗を変えると、抽出されたデータが動的に変化することが確認できると思います。

ノック21：店舗を絞り込んで可視化できるようにしてみよう

　今回の処理では、ドロップダウン等の要素が「変化」した際に動くので、初期値と同じものを選択しても動作しない点に注意して下さい。

　次は、抽出した各店舗の注文データを可視化(**折れ線グラフ**化)していきましょう。

```python
%matplotlib inline
import matplotlib.pyplot as plt
import japanize_matplotlib

def graph_by_store(val):
    clear_output()
    display(dropdown2)
    pick_data = order_data.loc[(order_data['store_name']==val['new']) & (order_data['status'].isin([1, 2]))]
    temp = pick_data[['order_accept_date', 'total_amount']].copy()
    temp.loc[:,'order_accept_date'] = pd.to_datetime(temp['order_accept_date'])
    temp.set_index('order_accept_date', inplace=True)
    temp.resample('D').sum().plot()

dropdown2 = Dropdown(options=store_list)
dropdown2.observe(graph_by_store, names='value')
display(dropdown2)
```

71

第1部 データ分析システム
第3章 可視化の仕組みを構築する10本ノック

■図3-3：店舗毎の週単位の売上表示（折れ線グラフ）

　先頭の3行でグラフを描画するために、matplotlibのインポートと、画面上に描画する宣言、グラフの日本語化ライブラリのインポートを行います。

　先ほど作成したドロップダウンの処理と同じように、ドロップダウンを変化させた時に動く関数「graph_by_store」を定義します。

　この処理の最初の3行は前回同様、結果エリアのクリアとドロップダウンの再描画、ドロップダウンで選択された店舗情報の抽出を行います。

　その後、グラフ描画用に一時的なデータフレームにorder_accept_dateとtotal_amountのみを抽出し、order_accept_dateを日付型に再定義し、インデックスとして設定します。日付型のインデックスを用いる理由は、日時等でリサンプリング(再集計)を行うために必要となるからです。

　プログラムの.resample('D').sum()の「D」は日を意味し、日単位でリサンプリングを行った結果を画面及びグラフに表示しています。

　今回のドロップダウンをはじめ、まずはダッシュボードに向けて必要なパーツを学んでいきましょう。次はマルチセレクトを用いて複数店舗のデータを同時に表示していきます。

ノック22：
複数店舗の詳細を可視化できるようにしてみよう

　前ノックでは店舗毎に情報を表示することができましたので、続いていくつかの店舗を選んでデータを動的に可視化していきましょう。
　すでに**ノック21**で読み込んでいるオーダー情報に対して、**セレクトボックス**で選んだ店舗の結果を表示していきます。

```
from ipywidgets import SelectMultiple

def order_by_multi(val):
    clear_output()
    display(select)
    pick_data = order_data.loc[(order_data['store_name'].isin(val['new'])) & (order_data['status'].isin([1, 2]))]
    display(pick_data.head())

select = SelectMultiple(options=store_list)
select.observe(order_by_multi, names='value')
display(select)
```

■図3-4：複数店舗の詳細表示

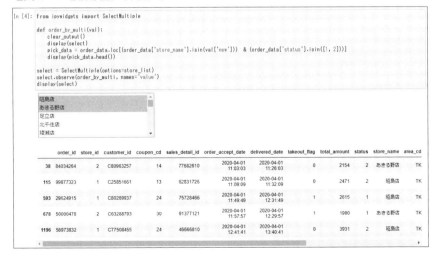

第1部 データ分析システム
第3章 可視化の仕組みを構築する10本ノック

　1行目でSelectMultipleのインポートを行います。前回はドロップボックスの変化に対応した関数を作りましたが、今回はマルチセレクトボックスの変化に対応した関数「order_by_multi」を定義します。この処理の内容は、前回の関数とほぼ同じで、選択された店舗でデータを絞り込んで表示しています。抽出方法に.isin(val['new'])関数を用いて、選択された複数の店舗を条件に与えて抽出を行っています。

　次に、関数外で店舗情報から店舗名のリストを作成し、マルチセレクトオブジェクトを生成します。この辺りは前回のドロップボックスと同じです。
　実際に動作を実行し、マルチセレクトで店舗を選択すると、抽出されたデータが動的に変化することが確認できると思います。複数の店舗を選ぶときは、ShiftキーやCtrlキーを押しながらクリックして下さい。

　続けて、マルチセレクトでのグラフ描画も行いましょう。

```python
def graph_by_multi(val):
    clear_output()
    display(select2)

    fig = plt.figure(figsize=(17,4))
    plt.subplots_adjust(wspace=0.25, hspace=0.6)

    i = 0

    for trg in val['new']:
        pick_data = order_data[(order_data['store_name']==trg) & (order_data['status'].isin([1, 2]))]
        temp = pick_data[['order_accept_date', 'total_amount', 'store_name']].copy()
        temp.loc[:,'order_accept_date'] = pd.to_datetime(temp['order_accept_date'])
        temp.set_index('order_accept_date', inplace=True)
        i += 1
        ax = fig.add_subplot(1, len(val['new']), i)
        ax.plot(temp.resample('D').sum())
```

```
        ax.set_title(trg)


select2 = SelectMultiple(options=store_list)
select2.observe(graph_by_multi, names='value')
display(select2)
```

■図3-5：複数店舗のグラフ表示

　ドロップダウンの時とほぼ同じですが、違う点として、複数の店舗が選択された時にそれぞれの店舗をループして画面上にグラフを並べる処理を追加しています。
　このように、複数の店舗のオーダー情報を並べて見ることができると、数字だけ並べるより明らかに見やすくなるかと思います。

　さて、どんどん必要なパーツを作っていきましょう。

第1部 データ分析システム
第3章 可視化の仕組みを構築する10本ノック

ノック23：
スライドバーを用いて
オーダー件数を調べてみよう

　次は、**スライドバー**でオーダー件数の閾値を設定し、それより件数が少ない・多い店舗を調べてみましょう。

```python
from ipywidgets import IntSlider

def store_lower(val):
    clear_output()
    display(slider)
    temp = order_data.groupby('store_name')
    print(temp.size()[temp.size() < val['new']])


slider = IntSlider(value=1100, min=1000, max=2000, step=100, description='件数:',)
slider.observe(store_lower, names='value')
display(slider)
```

ノック23：スライドバーを用いてオーダー件数を調べてみよう

■図3-6：スライドバーで指定した数値より下回るオーダー件数の店舗表示

```
In [6]: from ipywidgets import IntSlider

        def store_lower(val):
            clear_output()
            display(slider)
            temp = order_data.groupby('store_name')
            print(temp.size()[temp.size() < val['new']])

        slider = IntSlider(value=1100, min=1000, max=2000, step=100, description='件数:',)
        slider.observe(store_lower, names='value')
        display(slider)
```

```
        件数: ◯━━━━━━                1000

        store_name
        佐倉店         879
        六本木店       998
        前橋店         821
        北千住店       993
        四街道店       816
        国分寺店       969
        墨田店         970
        大田店         917
        宮前店         702
        小平店         968
        小田原店       884
        志木店         885
        恵比寿店       990
        成田店         854
        新座店         997
        本郷店         735
        東久留米店     854
        石神井店       941
        磯子店         915
        稲城店         938
        茅ヶ崎店       886
        草加店         978
        荒川店         879
        行田店         973
        西東京店       968
        西葛西店       792
        越谷店         885
```

　1行目でIntSliderのインポートを行い、これまで同様に関数「store_lower」を定義します。この関数は、スライドバーで指定した数値を下回るオーダー件数の店舗を抽出する処理となっています。

　次に、関数外でスライダーの要素を決めてスライダーオブジェクトを生成します。今回は1000 ～ 2000の間を100刻みで設定し、初期値を1100としています。

　実際に動作を実行し、スライドバーを変化させると、オーダー件数が下回る店舗が表示されます。

　ほぼ同じ処理ですが、次はスライドバーで件数上限を設けてみましょう。

```
def store_upper(val):
    clear_output()
    display(slider2)
    temp = order_data.groupby('store_name')
    print(temp.size()[temp.size() > val['new']])
```

77

第1部 データ分析システム
第3章 可視化の仕組みを構築する10本ノック

```
slider2 = IntSlider(value=1600, min=1000, max=2000, step=100, descriptio
n='件数:',)
```

```
slider2.observe(store_upper, names='value')
```

```
display(slider2)
```

■図3-7：スライドバーで指定した数値を上回るオーダー件数の店舗表示

```
In [7]:  def store_upper(val):
             clear_output()
             display(slider2)
             temp = order_data.groupby('store_name')
             print(temp.size()[temp.size() > val['new']])

         slider2 = IntSlider(value=1600, min=1000, max=2000, step=100, description='件数:',)
         slider2.observe(store_upper, names='value')
         display(slider2)
```

件数: ────○──────   1500

```
store_name
三鷹店      1505
上野店      1609
世田谷店     1537
中原店      1529
伊勢崎店     1581
八王子店     1524
戸田店      1501
栄店       1534
綾瀬店      2607
西多摩店     1534
谷中店      1503
dtype: int64
```

　1つ前とほぼ同じ処理ですが、関数名が「store_upper」となり、数値の条件が「>」と変わっています。これで、スライドバーで設定した件数以上の店舗が抽出できました。

　次は、トグルボタンを使ってみましょう。

⚾🏏 ノック24：
トグルボタンで地域データを抽出しよう

　トグルボタンのパーツを作成します。
　トグルボタンはデータを切り替えるのに適しています。**ノック22**で作成したリストに似ていますが、リストよりユーザー利便性が高いです。逆に、選択肢が多すぎるとボタンだらけになってしまうので、今回のケースだと地域ごとにデータを抽出するのに適しています。

78

さっそく実装してみましょう。

```
from ipywidgets import ToggleButtons

area_list = m_area['wide_area'].unique()

def order_by_area(val):
    clear_output()
    display(toggle)
    pick_data = order_data.loc[(order_data['wide_area'] == val['new']) & (order_data['status'].isin([1, 2]))]
    display(pick_data.head())

toggle = ToggleButtons(options=area_list)
toggle.observe(order_by_area, names='value')
display(toggle)
```

■図3-8：トグルボタンで地域毎にデータ抽出

1行目でToggleButtonsのインポートを行います。次にボタンに設定するために、エリア情報(m_area)から広域地域名をリスト化しておきます。

次に関数「order_by_area」を定義します。トグルボタンが押された地域に該当するデータを抽出しています。

最後にトグルボタンのオブジェクトを設定しますが、最初に作っておいた広域地域名のリストを設定しています。

実行し、トグルボタンで任意の地域を選択すると、該当地域に属するデータが表示されます。

続いて、地域ごとのオーダー情報をグラフにしてみましょう。

処理としては、他と同様なのでサラっと進めていきましょう。

```
def graph_by_area(val):
    clear_output()
    display(toggle2)
    pick_data = order_data.loc[(order_data['wide_area']==val['new']) & (order_data['status'].isin([1, 2]))]
    temp = pick_data[['order_accept_date', 'total_amount']].copy()
    temp.loc[:,'order_accept_date'] = pd.to_datetime(temp['order_accept_date'])
    temp.set_index('order_accept_date', inplace=True)
    temp.resample('D').sum().plot()

toggle2 = ToggleButtons(options=area_list)
toggle2.observe(graph_by_area, names='value')
display(toggle2)
```

■図3-9：トグルボタンで地域毎のグラフを表示

地域ごとの売上がグラフで表示されます。
実際に地域を変えてみると、波形の違いや総額（左軸）の違いがわかるかと思います。

さて、同じようなプログラムで飽きてきたかも知れませんが、もうひと踏ん張り、最後のパーツを作っていきましょう。

ノック25：
日付を指定してデータを抽出してみよう

パーツの作成はこれで最後です。
今回は、日付を指定できるようにして、データを絞り込める機能を作りましょう。データを見るときには日付や期間で絞り込むことが多いので、とても重要なパーツです。
早速、実装してみましょう。

```python
from ipywidgets import DatePicker
import datetime

order_data.loc[:,'order_date'] = pd.to_datetime(order_data['order_accept_date']).dt.date

def order_by_date(val):
    clear_output()
    display(date_picker)
    pick_data = order_data.loc[(order_data['order_date'] == val['new']) & (order_data['status'].isin([1, 2]))]
    print(len(pick_data))
    display(pick_data.head())

date_picker = DatePicker(value=datetime.datetime(2020, 4, 1))
date_picker.observe(order_by_date, names='value')
display(date_picker)
```

第1部 データ分析システム
第3章 可視化の仕組みを構築する10本ノック

■図3-10：日付を指定してデータを抽出

```
In [10]: from ipywidgets import DatePicker
         import datetime

         order_data.loc[:,'order_date'] = pd.to_datetime(order_data['order_accept_date']).dt.date

         def order_by_date(val):
             clear_output()
             display(date_picker)
             pick_data = order_data.loc[(order_data['order_date'] == val['new']) & (order_data['status'].isin([1, 2]))]
             print(len(pick_data))
             display(pick_data.head())

         date_picker = DatePicker(value=datetime.datetime(2020, 4, 1))
         date_picker.observe(order_by_date, names='value')
         display(date_picker)
```

```
2020/04/16                    🗓
```

6363

	order_id	store_id	customer_id	coupon_cd	sales_detail_id	order_accept_date	delivered_date	takeout_flag	total_amount	status	store_name	area_
116667	15033819	16	C17937252	95	67711155	2020-04-16 11:00:00	2020-04-16 11:57:00	0	2238	2	蒲田店	
116669	53990363	90	C43339908	75	8053044	2020-04-16 11:00:00	2020-04-16 11:35:00	0	2603	2	綾瀬店	
116670	55811234	66	C89559846	8	91627509	2020-04-16 11:00:00	2020-04-16 12:15:00	0	3234	2	石神井店	
116671	59981543	67	C64079015	38	58776243	2020-04-16 11:00:00	2020-04-16 11:31:00	0	2677	2	大泉店	
116672	55202430	49	C68922555	28	37306695	2020-04-16 11:00:00	2020-04-16 11:15:00	1	2328	1	浅草店	

　1行目でDatePickerをインポートします。次にオーダー情報の「オーダー受注日(order_accept_date)」を日付型に変換して、別のカラム名(order_date)として保存します。

　次に「order_by_date」関数を定義し、データを抽出する処理を作ります。この際、先ほど追加したorder_dateデータに対して、画面上で選択した日付と比較する条件を付与します。

　関数外で、日付選択オブジェクトを設定する際、今回のデータは2020年4月分を対象としているので、初期値を2020年4月1日として設定します。

　実行して日付項目をクリックすると、カレンダーが表示されます。任意の日付を選択すると、その日付のオーダー情報が抽出され、画面に表示されます。

　最後に、日付選択を使って、期間指定できるようにしてみましょう。

```
min_date = datetime.date(2020, 4, 1)

max_date = datetime.date(2020, 4, 30)


# 期間が設定されたら呼ばれれる関数、期間データを抽出し画面に表示

def order_between_date():

    clear_output()
```

ノック25：日付を指定してデータを抽出してみよう

```
    display(date_picker_min)
    display(date_picker_max)
    pick_data = order_data.loc[(order_data['order_date'] >= min_date) & (o
rder_data['order_date'] <= max_date) & (order_data['status'].isin([1,
2]))]
    print(len(pick_data))
    display(pick_data.head())


# 最小日（期間自）の日付を変数にセットする関数
def set_min_date(val):
    global min_date
    min_date = val['new']
    order_between_date()


# 最大日（期間至）の日付を変数にセットする関数
def set_max_date(val):
    global max_date
    max_date = val['new']
    order_between_date()


date_picker_min = DatePicker(value=min_date)
date_picker_min.observe(set_min_date, names='value')
print("最小日付")
display(date_picker_min)
date_picker_max = DatePicker(value=max_date)
date_picker_max.observe(set_max_date, names='value')
print("最大日付")
display(date_picker_max)
```

83

■図3-11：期間を指定してデータを抽出

　期間条件に必要な「期間(自)、期間(至)」の日付を確保する変数を作成します。初期値としては、2020年4月1日～ 2020年4月30日となるように設定します。
　次に、期間が設定されたら、その期間に応じたデータを抽出し、画面に表示する「order_between_date」関数を定義します。
　続いて、最小日(期間自)、最大日(期間至)の変数を画面の入力に応じてセットする関数を定義します。その中で「order_between_date」関数を呼んでいるので、最小日か最大日の変数がセットされると、画面のデータが更新されることになります。
　関数外で、最小日と最大日用の日付選択オブジェクトを定義します。
　実行すると、2つの日付選択ボックスが表示されますので、日付を選択して期間抽出を行ってみて下さい。

　さて、ダッシュボードに必要なパーツを色々と作成してきました。
　次ノックからは、ダッシュボードの構築に向けて進んでいきましょう。

ノック26：
ストーリーを考えてデータを構築しよう

　これまでのノックで、ダッシュボードに必要なパーツを作ってきました。

　それではいよいよ、パーツを組み合わせてダッシュボードの作成を進めていきましょう。

　……と、いきたいところですが、冒頭でも記載しましたようにダッシュボードは、ただグラフやデータを並べれば良いわけではなく、データを「誰に」「何を」「どのように」見せるかを設計することが肝要です。これを「ストーリー」と捉えて考えていきましょう。

　それでは改めて、今回の状況を確認してみましょう。

　あなたは宅配ピザ会社の営業情報を可視化して、データで営業や経営を改善するために、チェーン店の営業データを取得し、可視化しています。

　それでは、まずは「誰に」データを届けるべきでしょうか？

　当たり前ですが、営業や経営を改善する権限を持つ人に届ける必要があります。今回のケースでは、社内の経営戦略部にデータを届けるものとします。

　次に「何を」となりますが、ストーリーを考える際は、データを受け取って活用する人の視座で考えるように心がけましょう。

　経営戦略部のメンバーが業務を改善するためには、まずは現状の把握が必要となります。

　さっそく各店舗の売上状況を一覧化してみましょう。その際、単純に売上の合計で比較してはいけません。後に説明しますが、必ず平均値や中央値、顧客単価など多角的に捉えましょう。

　それでは、ノックを進めながらデータを構築していきましょう。

　これまでのノックでは、オーダー情報の4月分のみを読み込んでノックを進めてきましたので、改めて全期間のオーダー情報を読み込み、エリア情報等を付与したデータを作成します。その際、第1章ノック8で行った「マスタデータのない情報（takeout_flagやstatus）」も忘れずに補完しておきましょう。

　まずは、各店舗の売上データから、平均値、中央値、顧客単価などのデータを作成します。

第1部 データ分析システム
第3章 可視化の仕組みを構築する10本ノック

```python
import glob
import os
current_dir = os.getcwd()
tbl_order_file = os.path.join(current_dir, 'tbl_order_*.csv')
tbl_order_files = glob.glob(tbl_order_file)

order_all = pd.DataFrame()
for file in tbl_order_files:
    order_tmp = pd.read_csv(file)
    print(f'{file}:{len(order_tmp)}')
    order_all = pd.concat([order_all, order_tmp], ignore_index=True)

# 保守用店舗データの削除
order_all = order_all.loc[order_all['store_id'] != 999]

order_all = pd.merge(order_all, m_store, on='store_id', how='left')
order_all = pd.merge(order_all, m_area, on='area_cd', how='left')

# マスターにないコードに対応した文字列を設定
order_all.loc[order_all['takeout_flag'] == 0, 'takeout_name'] = 'デリバリ
ー'
order_all.loc[order_all['takeout_flag'] == 1, 'takeout_name'] = 'お持ち帰
り'

order_all.loc[order_all['status'] == 0, 'status_name'] = '受付'
order_all.loc[order_all['status'] == 1, 'status_name'] = 'お支払済'
order_all.loc[order_all['status'] == 2, 'status_name'] = 'お渡し済'
order_all.loc[order_all['status'] == 9, 'status_name'] = 'キャンセル'

order_all.loc[:,'order_date'] = pd.to_datetime(order_all['order_accept_dat
e']).dt.date

order_all.groupby(['store_id', 'customer_id'])["total_amount"].describe()
```

86

ノック26：ストーリーを考えてデータを構築しよう

■図3-12：データの読み込み直しとデータ把握

```
入力 [12]:  import glob
           import os
           current_dir = os.getcwd()
           tbl_order_file = os.path.join(current_dir, 'tbl_order_*.csv')
           tbl_order_files = glob.glob(tbl_order_file)

           order_all = pd.DataFrame()
           for file in tbl_order_files:
               order_tmp = pd.read_csv(file)
               print(f'{file}:{len(order_tmp)}')
               order_all = pd.concat([order_all, order_tmp], ignore_index=True)

           # 保守用店舗データの削除
           order_all = order_all.loc[order_all['store_id'] != 999]

           order_all = pd.merge(order_all, m_store, on='store_id', how='left')
           order_all = pd.merge(order_all, m_area, on='area_cd', how='left')

           # マスターにないコードに対応した文字列を設定
           order_all.loc[order_all['takeout_flag'] == 0, 'takeout_name'] = 'デリバリー'
           order_all.loc[order_all['takeout_flag'] == 1, 'takeout_name'] = 'お持ち帰り'

           order_all.loc[order_all['status'] == 0, 'status_name'] = '受付'
           order_all.loc[order_all['status'] == 1, 'status_name'] = 'お支払済'
           order_all.loc[order_all['status'] == 2, 'status_name'] = 'お渡し済'
           order_all.loc[order_all['status'] == 9, 'status_name'] = 'キャンセル'

           order_all.loc[:,'order_date'] = pd.to_datetime(order_all['order_accept_date']).dt.date

           order_all.groupby(['store_id', 'customer_id'])["total_amount"].describe()

           /root/jupyter_notebook/codes/3章/tbl_order_202004.csv:233260
           /root/jupyter_notebook/codes/3章/tbl_order_202005.csv:241139
           /root/jupyter_notebook/codes/3章/tbl_order_202006.csv:233301
```

出力[12]:

store_id	customer_id	count	mean	std	min	25%	50%	75%	max
1	C00244531	14.0	3319.571429	860.262546	1882.0	2515.75	3679.5	3901.00	4462.0
	C00493736	7.0	3318.142857	922.546915	2471.0	2719.00	2987.0	3615.50	5100.0
	C01249550	8.0	2664.375000	848.339881	1857.0	2029.75	2379.5	3132.75	3931.0
	C02241044	6.0	3653.833333	1184.407770	2252.0	2571.00	3979.5	4683.75	4692.0
	C02859946	9.0	3216.555556	858.216044	1857.0	2647.00	3586.0	3900.00	3931.0
...									
196	C84471901	66.0	2781.772727	805.412494	698.0	2255.50	2677.0	3172.25	4659.0
	C88251581	58.0	3054.465517	984.291289	698.0	2328.00	2987.0	3891.25	4659.0
	C90878439	73.0	2851.068493	852.860779	698.0	2154.00	2615.0	3865.00	4659.0
	C97487773	61.0	2988.524590	892.917047	698.0	2238.00	2750.0	3900.00	4659.0

上記の処理は全て第1章で行った処理を纏めて実行したものになります。分からない箇所があれば第1章を見直してみて下さい。

次はデータを加工し、店舗単位で実際に売上が成立したデータ（statusが1＝お支払済、2＝お渡し済）の合計値を計算し、売上の上位店舗、下位店舗を表示してみます。

```
summary_df = order_all.loc[order_all['status'].isin([1, 2])]
store_summary_df = summary_df.groupby(['store_id'])['total_amount'].sum()
store_summary_df = pd.merge(store_summary_df, m_store, on='store_id', how=
'left')
print("売上上位")
display(store_summary_df.sort_values('total_amount', ascending=False).hea
d(10))
```

87

第1部 データ分析システム
第3章 可視化の仕組みを構築する10本ノック

```
print("売上下位")
display(store_summary_df.sort_values('total_amount', ascending=True).head(10))
```

■図3-13：売上上位店舗と売上下位店舗の表示

```
In [13]: summary_df = order_all.loc[order_all['status'].isin([1, 2])]
         store_summary_df = summary_df.groupby(['store_id'])['total_amount'].sum()
         store_summary_df = pd.merge(store_summary_df, m_store, on='store_id', how='left')
         print("売上上位")
         display(store_summary_df.sort_values('total_amount', ascending=False).head(10))
         print("売上下位")
         display(store_summary_df.sort_values('total_amount', ascending=True).head(10))
```

売上上位

	store_id	total_amount	store_name	area_cd
47	48	11992501	上野店	TK
190	191	11821224	伊勢崎店	GU
122	123	11320012	栄店	KN
67	68	11272728	八王子店	TK
62	63	11201742	西多摩店	TK
126	127	11179377	戸塚店	KN
99	100	11128515	中原店	KN
43	44	11079128	世田谷店	TK
172	173	11001277	戸田店	SA
78	79	10989669	三鷹店	TK

売上下位

	store_id	total_amount	store_name	area_cd
100	101	5350100	宮前店	KN
75	76	5701753	本郷店	TK
2	3	5712210	足立店	TK
151	152	5723229	四街道店	CH
11	12	5808496	西葛西店	TK
195	196	5901819	前橋店	GU
185	186	6087730	足利店	TO
161	162	6158812	越谷店	SA
69	70	6242227	東久留米店	TK
145	146	6307301	成田店	CH

　まず、オーダー情報から、ステータス1、2のデータを抽出します。次に店舗
毎にグループ化し、金額を.sum()で集計します。これに店舗情報をマージして、
降順、昇順で並び替えて画面に表示しています。

　さて、東京や神奈川地域の店舗が多く上位に並んでいて、下位の店舗はトップ
店舗から2倍近く差が生まれているのがわかります。さっそく売上が低い店舗を
改善しましょう！　……と、言うのは間違いです。

88

察しの良い方であれば気が付いていると思いますが、今回は「売上の総額」で比較しています。東京や神奈川はユーザー数が多く、売上の総額では都心店舗の方が優位に立ってしまいます。これでは現状を正確に把握することはできません。

利益で比較する方法もありますが、今回のケースのように全国チェーン展開を行っている場合、商品単価は全国一律となるケースが多いでしょう。その場合、人件費や物価等は都心と地方では異なっているので利益が高い理由が人件費の安さに起因している場合等もあり得ます。

本来であれば、そのような物価、家賃、人件費等の経済指数を全て加味して分析していくのが良いのですが、そのためには膨大な労力とデータが必要となります。

データ活用文化の醸成がない会社に、いきなりそれらを求めても、データが揃わなかったり、部門から断られたりと、あなた一人でプロジェクトを進めることは難しいでしょう。

そのために、まず今回は手元にあるデータで、「データをちゃんと使えばこんなことができる」という、データ利活用の文化を社内に植え付けていきましょう。結果を見ると、人は動いてくれます。「はじめに」にも記載しましたが、「施策につなげ、小さな成果を継続的に生み出す」ことが大事です。

では、売上総額ではなく、何で比較をすれば良いでしょうか。

まずはオーダー情報の基礎となる、顧客の行動を軸にデータを見ていきましょう。

手始めに店舗毎のキャンセル率を算出し、キャンセル率の高い順、低い順で並び替えて表示してみましょう。

```
cancel_df = pd.DataFrame()
cancel_cnt = order_all.loc[order_all['status']==9].groupby(['store_id'])['store_id'].count()
order_cnt = order_all.loc[order_all['status'].isin([1, 2, 9])].groupby(['store_id'])['store_id'].count()
cancel_rate = (cancel_cnt / order_cnt) * 100
cancel_df["cancel_rate"] = cancel_rate
cancel_df = pd.merge(cancel_df, m_store, on='store_id', how='left')
print("キャンセル率が低い")
display(cancel_df.sort_values('cancel_rate', ascending=True).head(10))
```

```
print("キャンセル率が高い")
display(cancel_df.sort_values('cancel_rate', ascending=False).head(10))
```

■図3-14：キャンセル率が高い店舗と低い店舗の表示

　キャンセルは様々な理由によって発生しますが、何にせよ機会損失を起こしていることになります。
　中には単純に顧客側が間違えた注文をキャンセルしたということもあるかと思いますが、別の理由がないか分析してみましょう。

　それでは、キャンセル率が高い店舗と低い店舗をピックアップして比較していきます。

ノック27：キャンセルの理由を分析してみよう

ノック27：
キャンセルの理由を分析してみよう

　前のノックでキャンセルの理由を分析することにしました。

　なぜ、顧客はキャンセルをしてしまうのか、自分が顧客だったと想定して考えてみましょう。

　単純な注文ミスを除いた場合、よくある理由としては「注文した商品が届くまでに、予想以上に時間が掛かる」ではないでしょうか。

　では、実際に顧客が注文をしてから、配達までにどれくらい時間が経過しているかを見てみましょう。オーダー情報の「注文時刻order_accept_date」と「配達完了時刻delivered_date」の差がそれにあたります。その際、デリバリーの注文で配達が完了しているデータのみ抽出することを忘れないようにして下さい。

```
def calc_delta(t):
    t1, t2 = t
    delta = t2 - t1
    return delta.total_seconds()/60


order_all.loc[:,'order_accept_datetime'] = pd.to_datetime(order_all['orde
r_accept_date'])
order_all.loc[:,'delivered_datetime'] = pd.to_datetime(order_all['delivere
d_date'])
order_all.loc[:,'delta'] = order_all[['order_accept_datetime', 'delivered_
datetime']].apply(calc_delta, axis=1)


delivery_df = order_all.loc[(order_all['status']==2) & (order_all['store_
id'].isin([8, 122]))]
delivery_df.groupby(['store_id'])['delta'].mean()
```

91

第1部 データ分析システム
第3章 可視化の仕組みを構築する10本ノック

■図3-15：キャンセル率の高い店舗と低い店舗の配達完了までの時間

```
入力[15]: def calc_delta(t):
            t1, t2 = t
            delta = t2 - t1
            return delta.total_seconds()/60

          order_all.loc[:,'order_accept_datetime'] = pd.to_datetime(order_all['order_accept_date'])
          order_all.loc[:,'delivered_datetime'] = pd.to_datetime(order_all['delivered_date'])
          order_all.loc[:,'delta'] = order_all[['order_accept_datetime', 'delivered_datetime']].apply(calc_delta, axis=1)

          delivery_df = order_all.loc[(order_all['status']==2) & (order_all['store_id'].isin([8, 122]))]
          delivery_df.groupby(['store_id'])['delta'].mean()

出力[15]: store_id
          8      47.675633
          122    20.194532
          Name: delta, dtype: float64
```

　まずは、オーダー情報からデリバリーの注文と、前ノックでピックアップした
キャンセル率が高い店舗と低い店舗のデータを抽出します。

　次に配達完了時刻から注文時刻を減算するために、時刻の差分を求める関数
calc_deltaを定義します。この関数は2つの日付型変数の差分を求め、分単位で
値を戻しています。

　この関数を用いて、配達完了までの時間が算出できました。

　結果を見ると、やはりキャンセル率が高い店舗は、配達完了までに掛かる時間
が長いことがわかりました。これを1つの仮説として検証するために、他の店舗
も同様にキャンセル率と配達時間に相関があるか確認してみましょう。

ノック28：
仮説を検証してみよう

　前ノックでは、機会損失の改善を目的として、配達完了までの時間とキャンセ
ル率の**相関**を見つけ、それを仮説として検証することにしました。

　データ分析等をするときには、仮説がとても大事となります。ただ、闇雲にデー
タを並べたり、加工したりしていると、そのうち自分は何を分析しているのか分
からなくなってしまいます。

　仮説の立て方は、前ノックのようにデータの傾向把握から見つけられることも
ありますし、場合によっては現場スタッフへのヒアリングで思いもよらない仮説
が見つけられたりもします。そういう意味で、ヒアリング相手から仮説を引き出
すコミュニケーション能力もデータ分析には重要なスキルと言えます。

　さて、前置きが長くなってしまいましたが、早速仮説を検証していきましょう。
　まず、前回はキャンセル率の悪い店舗と良い店舗の、2店舗での比較でした。こ

ノック28：仮説を検証してみよう

の傾向が全ての店舗で当てはまれば、この仮説は正しいと考えても良いでしょう。

```
temp_cancel = cancel_df.copy()
temp_delivery = order_all.loc[order_all['status']==2].groupby([('store_
id')])['delta'].mean()
check_df = pd.merge(temp_cancel, temp_delivery, on='store_id', how='left')
check_df.head()
```

■図3-16：全店舗の配達完了までの時間の集計

まずは、前ノックで特定店舗に対して実施した、配達完了までの時間の集計を全ての店舗データに対して実施します。

```
# 全体
temp_chk = check_df[['cancel_rate', 'delta']]
display(temp_chk.corr())
```

■図3-17：キャンセル率と配達完了までの時間の相関係数

この処理で、キャンセル率と配達完了までの時間の相関を計算しています。

まずは、全店舗のデータで相関を出してみます。結果としては、0.65…となっています。この数値は「**相関係数**」と言い、正と負の方向と-1 ～ 1までの強さによって、2つのデータ群（今回はキャンセル率と配達完了までの時間）の関係性を表しています。

93

第1部 データ分析システム
第3章 可視化の仕組みを構築する10本ノック

相関係数は概ね、

0 ～ 0.3未満はほぼ無関係

0.3 ～ 0.5未満は非常に弱い相関

0.5 ～ 0.7未満は相関がある

0.7 ～ 0.9未満は強い相関

0.9以上は非常に強い相関

と言われています。

　本書で相関については深く説明はしませんので、気になる方は統計学の書籍などで学習して頂ければと思います。
　上記に照らし合わせると、今回の数値は「相関がある」となっています。

　ただ、全店舗一律で計算せずに、もう少し細かく分割して相関を見てみましょう。
　今回の仮説としては、「配達までの時間が長い」と「キャンセルが多くなる」というものですので、キャンセル率が高い店舗、キャンセル率が低い店舗に分けて相関を見てみましょう。

```python
# キャンセル率が高い（第3四分位以上）店舗のみ
th_high = check_df['cancel_rate'].quantile(0.75)
temp_chk = check_df.loc[(check_df['cancel_rate'] >= th_high)]
temp_chk = temp_chk[['cancel_rate', 'delta']]
display(temp_chk.corr())

# キャンセル率が低い（第1四分位以下）店舗のみ
th_low = check_df['cancel_rate'].quantile(0.25)
temp_chk = check_df.loc[(check_df['cancel_rate'] >= th_low)]
temp_chk = temp_chk[['cancel_rate', 'delta']]
display(temp_chk.corr())
```

94

ノック28：仮説を検証してみよう

■図3-18：キャンセル率が高い店舗群と低い店舗群での相関係数

```
入力 [18]:  # キャンセル率が高い (第3四分位以上) 店舗のみ
           th_high = check_df['cancel_rate'].quantile(0.75)
           temp_chk = check_df.loc[(check_df['cancel_rate'] >= th_high)]
           temp_chk = temp_chk[['cancel_rate', 'delta']]
           display(temp_chk.corr())

           # キャンセル率が低い (第1四分位以下) 店舗のみ
           th_low = check_df['cancel_rate'].quantile(0.25)
           temp_chk = check_df.loc[(check_df['cancel_rate'] >= th_low)]
           temp_chk = temp_chk[['cancel_rate', 'delta']]
           display(temp_chk.corr())
```

	cancel_rate	delta
cancel_rate	1.0000	0.7868
delta	0.7868	1.0000

	cancel_rate	delta
cancel_rate	1.000000	0.617896
delta	0.617896	1.000000

　キャンセル率の高い店舗、低い店舗用の閾値を設定します。これは、四分位数
で計算しています。**四分位数**とはデータを小さい順に並び替えたときに、データ
の数で4等分した時の区切り値のことです。小さいほうから「25パーセンタイル
（第一四分位数）」、「50パーセンタイル（中央値、第二四分位数）」、「75パーセン
タイル（第三四分位数）」と呼ばれます。

　今回、キャンセル率の高い店舗は第三四分位数で抽出し、キャンセル率が低い
店舗は第一四分位数で抽出しています。

　次に、作成した閾値で抽出したデータで相関係数を算出しています。

　結果としては、キャンセル率の高い店舗の相関係数は、0.78…と算出されたの
で、強い相関があることがわかりました。逆にキャンセル率の低い店舗の相関係
数は0.60…と出ていますので、全体で見たときより相関は下がっていますが、
相関は見られる結果となっています。

　上記の結果から、概ねキャンセル率と配達完了までの時間には相関が見られる
ことがわかりました。この仮説をストーリーに組み込んでいきましょう。

　ただし、キャンセル率以外にも様々な要因がデータには隠れています。まずは
傾向を掴み、仮説をたてて、検証する。このサイクルを地道に繰り返していくこ
とこそ、データ分析の真髄ともいえます。是非、色々と仮説を立てて、検証して
みて下さい。

　本章は可視化をテーマにしていますので、一旦は「キャンセル率」と「配達完了時
間」の改善というストーリーで進めていきます。

95

ノック29:
ストーリーをもとにパーツやデータを組み合わせてダッシュボードを作ろう

さて、これまでパーツを作ったり、ストーリーを考えたり、データを作成したりと、下準備をしてきました。

本ノックでは、それら準備したものを使って**ダッシュボード**を作ってみましょう。

まずはストーリーのおさらいです。

店舗の配達完了時間とキャンセル率を店舗毎に可視化し、配達完了までの時間をいかに改善できるか店舗毎に検討するきっかけを与えます。

また、キャンセル率だけを表示しても、現状が分からないと意味がないので、現状がわかる売上状況なども表示していきます。

これから、少し長いプログラミングになりますので、Jupyter Notebookのセル単位で説明していきます。

```
import seaborn as sns

# 環境変数
target_store = ""
min_date = datetime.date(2020, 4, 1)
max_date = datetime.date(2020, 4, 30)
```

■図3-19:準備処理

```
In [19]: import seaborn as sns
         # 環境変数
         target_store = ""
         min_date = datetime.date(2020, 4, 1)
         max_date = datetime.date(2020, 4, 30)
```

これまではグラフの描画にmatplotlibを用いていましたが、ダッシュボードにする際、第2章でも使ったseabornという描画ライブラリを用いますので、1行目でインポートしています。その後、共通的に使う変数を定義し、初期値を設定しておきます。

ノック29：ストーリーをもとにパーツやデータを組み合わせてダッシュボードを作ろう

```python
def make_board():
    clear_output()
    display(toggle_db)

    # データ作成処理
    pick_order_data = order_all.loc[(order_all['store_name']==target_stor
e) & (order_all['order_date'] >= min_date) & (order_all['order_date'] <= m
ax_date) & (order_all['status'].isin([1, 2]))]
    pick_cancel_data = order_all.loc[(order_all['store_name']==target_stor
e) & (order_all['order_date'] >= min_date) & (order_all['order_date'] <= m
ax_date) & (order_all['status']==9)]
    pick_order_all = order_all.loc[(order_all['order_date'] >= min_date) &
(order_all['order_date'] <= max_date) & (order_all['status'].isin([1,
2]))]
    pick_cancel_all = order_all.loc[(order_all['order_date'] >= min_date)
& (order_all['order_date'] <= max_date) & (order_all['status']==9)]
    store_o_cnt = len(pick_order_data)
    store_c_cnt = len(pick_order_data['customer_id'].unique())
    store_cancel_rate = (len(pick_cancel_data)/(len(pick_order_data)+len(p
ick_cancel_data))) * 100
    delivery_time = pick_order_data.loc[pick_order_data['status'] == 2]['d
elta'].mean()
    delivery_time_all = pick_order_all.loc[pick_order_all['status'] == 2]
['delta'].mean()

    # 画面の描画処理
    temp = pick_order_data[['order_date', 'total_amount']].copy()
    temp.loc[:,'order_date'] = pd.to_datetime(temp['order_date'])
    temp.set_index('order_date', inplace=True)

    print("===========================================================
=====================================")
    str_out = f"■■{target_store}■■【対象期間】：{min_date}〜{max_date}
"
```

第1部 データ分析システム
第3章 可視化の仕組みを構築する10本ノック

```python
    str_out = str_out + f"【オーダー件数】: {store_o_cnt} 件 【利用顧客数】
: {store_c_cnt}"
    print(str_out)
    print("---------------------------------------------------------------
------------------------------------------")
    print(f"■■■■■■ 日毎の売上 ■■■■■■■■")
    display(temp.resample('D').sum())
    print("---------------------------------------------------------------
------------------------------------------")
    str_out = f"【期間売上総額】: {'{:,}'.format(temp['total_amount'].su
m())} "
    str_out = str_out + f"【キャンセル総額】: {'{:,}'.format(pick_cancel_da
ta['total_amount'].sum())} "
    str_out = str_out + f"【キャンセル率】 :{round(store_cancel_rate, 2)} %
"
    print(str_out)
    str_out = f"【平均配達完了時間】: {round(delivery_time, 2)}分"
    str_out = str_out + f"【全店舗平均配達時間】: {round(delivery_time_all,
2)}分"
    print(str_out)
    print("---------------------------------------------------------------
------------------------------------------")

    # グラフ作成処理
    fig, (ax1, ax2) = plt.subplots(1, 2, figsize=(15,5))
    sns.distplot(temp.resample('D').sum(), ax=ax1, kde=False)
    ax1.set_title("売上（日単位）ヒストグラム")

    sns.countplot(x='order_date', data=pick_cancel_data, ax=ax2)
    ax2.set_title("キャンセル数（日単位）")

    fig, (ax3) = plt.subplots(1, 1, figsize=(20 ,5))
    sns.boxplot(x="order_date", y="total_amount", data=pick_order_data)
    ax3.set_title("オーダー状況箱ひげ図")
```

```
plt.show()
```

■図3-20：画面の描画処理

```
入力 [20]: def make_board():
    clear_output()
    display(toggle_db)

    # データ作成処理
    pick_order_data = order_all.loc[(order_all['store_name']==target_store) & (order_all['order_date'] >= min_date) & (order_all['order_date'] <= max_date) & (order_all['status'].isin([1, 2]))]
    pick_cancel_data = order_all.loc[(order_all['store_name']==target_store) & (order_all['order_date'] >= min_date) & (order_all['order_date'] <= max_date) & (order_all['status']==9)]
    pick_order_all = order_all.loc[(order_all['order_date'] >= min_date) & (order_all['order_date'] <= max_date) & (order_all['status'].isin([1, 2]))]
    pick_cancel_all = order_all.loc[(order_all['order_date'] >= min_date) & (order_all['order_date'] <= max_date) & (order_all['status']==9)]
    store_o_cnt = len(pick_order_data)
    store_c_cnt = len(pick_order_data['customer_id'].unique())
    store_cancel_rate = (len(pick_cancel_data)/(len(pick_order_data)+len(pick_cancel_data))) * 100
    delivery_time = pick_order_data.loc[pick_order_data['status'] == 2]['delta'].mean()
    delivery_time_all = pick_order_all.loc[pick_order_all['status'] == 2]['delta'].mean()

    # 画面の描画処理
    temp = pick_order_data[['order_date', 'total_amount']].copy()
    temp.loc[:,'order_date'] = pd.to_datetime(temp['order_date'])
    temp.set_index('order_date', inplace=True)

    print("=====================================================================")
    str_out = f"■■{target_store}■■ [対象期間] : {min_date}~{max_date} "
    str_out = str_out + f" [オーダー件数] : {store_o_cnt} 件  [利用顧客数] : {store_c_cnt}"
    print(str_out)
    print("---------------------------------------------------------------------")
    print(f"■■■■■■■■ 日毎の売上 ■■■■■■■■")
    display(temp.resample('D').sum())
    print("---------------------------------------------------------------------")
    str_out = f"[期間売上金額] : {'{:,}'.format(temp['total_amount'].sum())}円 "
    str_out = str_out + f"[キャンセル総額] : {'{:,}'.format(pick_cancel_data['total_amount'].sum())} "
    str_out = str_out + f"[キャンセル率] : {round(store_cancel_rate, 2)} %"
    print(str_out)
    str_out = f"[平均配達完了時間] : {round(delivery_time, 2)}分"
    str_out = str_out + f"[全店舗平均配達時間] : {round(delivery_time_all, 2)}分"
    print(str_out)
    print("---------------------------------------------------------------------")

    # グラフ作成処理
    fig, (ax1, ax2) = plt.subplots(1, 2, figsize=(15,5))
    sns.histplot(temp.resample('D').sum(), ax=ax1, kde=False)
    ax1.set_title("売上（日単位）ヒストグラム")

    sns.countplot(x='order_date', data=pick_cancel_data, ax=ax2)
    ax2.set_title("キャンセル数（日単位）")

    fig, (ax3) = plt.subplots(1, 1, figsize=(20 ,5))
    sns.boxplot(x='order_date', y='total_amount', data=pick_order_data)
    ax3.set_title("オーダー状況箱ひげ図")

    plt.show()
```

　ここは少し長いのですが、実際に条件を設定した後に、データを作成し画面を更新する関数「make_board」を定義しています。この関数は後に記載する別の関数から呼ばれて実行されます。

　最初は画面の初期化とトグルボタンの再表示を行います。その後、データの作成処理を記載していきます。全体のデータから、「指定された店舗」「指定された期間」「ステータス」を条件に抽出しています。また、各種の件数や配達時間の平均等も計算しておきます。

　次に画面にデータを表示するために、オーダー日付と金額を抽出し、日単位でサマリーをしています。この辺りの処理は、これまでのノックで行ってきた応用ですので、分からない場合は前ノックを見直してみて下さい。

　続いて、画面上に文字や変数を表示し、グラフも作成しています。

　グラフは、先ほど宣言した、seabornというライブラリで表示しています。seabornの使い方はmatplotlibより簡単ですので、他のグラフで描画してみる等、色々試してみて下さい。

第1部 データ分析システム
第3章 可視化の仕組みを構築する10本ノック

```python
# カレンダー変更時の処理
def change_date_min(val):
    global min_date
    min_data = val['new']
    make_board()


def change_date_max(val):
    global max_date
    max_date = val['new']
    make_board()
```

■図3-21：カレンダー変更時の処理

```
In [21]: # カレンダー変更時の処理
         def change_date_min(val):
             global min_date
             min_data = val['new']
             make_board()

         def change_date_max(val):
             global max_date
             max_date = val['new']
             make_board()
```

　次は画面更新の手前の処理で、日付選択ボックスを変化させた時に動作する関数「change_date_min、change_date_max」を2つ定義しています。
　こちらの処理は、**ノック25**で作ったパーツの応用となります。

```python
# ドロップダウン変更時の処理
def change_dropdown(val):
    global target_store
    target_store = val['new']

    # 期間指定機能
    date_picker_min = DatePicker(value=min_date)
    date_picker_min.observe(change_date_min, names='value')
    print("期間")
    date_picker_max = DatePicker(value=max_date)
    date_picker_max.observe(change_date_max, names='value')
    display(date_picker_min, date_picker_max)
```

ノック29：ストーリーをもとにパーツやデータを組み合わせてダッシュボードを作ろう

■図3-22：ドロップダウン変更時の処理

```
In [22]:  # ドロップダウン変更時の処理
          def change_dropdown(val):
              global target_store
              target_store = val['new']

              # 期間指定機能
              date_picker_min = DatePicker(value=min_date)
              date_picker_min.observe(change_date_min, names='value')
              print("期間")
              date_picker_max = DatePicker(value=max_date)
              date_picker_max.observe(change_date_max, names='value')
              display(date_picker_min, date_picker_max)
```

　次はドロップダウンの処理です。これも**ノック21**で作ったパーツの応用となりますが、1つ違うところは、ドロップダウンの店舗一覧を、この後定義する地域トグルボタンで絞り込んだ店舗になるようにしていることです。

```
# 地域トグルボタン処理
def order_by_area(val):
    clear_output()
    display(toggle_db)
    # 選択された地域の店舗リストを作成する
    store_list = order_all.loc[order_all['wide_area']==val['new']]['store_
name'].unique()
    # 作成された店舗リストでドロップダウンを作成する
    dropdown = Dropdown(options=store_list)
    dropdown.observe(change_dropdown, names='value')
    display(dropdown)
```

■図3-23：トグルボタン変更時の処理

```
In [23]:  # 地域トグルボタン処理
          def order_by_area(val):
              clear_output()
              display(toggle_db)
              # 選択された地域の店舗リストを作成する
              store_list = order_all.loc[order_all['wide_area']==val['new']]['store_name'].unique()
              # 作成された店舗リストでドロップダウンを作成する
              dropdown = Dropdown(options=store_list)
              dropdown.observe(change_dropdown, names='value')
              display(dropdown)
```

　こちらは地域トグルボタンが変化したときに動作する関数になります。こちらも、**ノック24**で作ったパーツとほぼ同じです。

```
# トグルボタンを表示
toggle_db = ToggleButtons(options=area_list)
```

101

```
toggle_db.observe(order_by_area, names='value')
display(toggle_db)
```

■図3-24：トグルボタンの表示と実際の動作画面

order_date	total_amount
2020-04-01	82074
2020-04-02	67426
2020-04-03	93066
2020-04-04	76644
2020-04-05	82631
2020-04-06	74452
2020-04-07	72659
2020-04-08	87008
2020-04-09	83004
2020-04-10	80955
2020-04-11	87809
2020-04-12	70827
2020-04-13	84107
2020-04-14	80721
2020-04-15	71965
2020-04-16	71082
2020-04-17	85068
2020-04-18	79521
2020-04-19	57390
2020-04-20	83390
2020-04-21	91651
2020-04-22	85107
2020-04-23	84013
2020-04-24	83041
2020-04-25	82379
2020-04-26	90571
2020-04-27	76703
2020-04-28	77704
2020-04-29	82104
2020-04-30	84351

最後にトグルボタンを表示して処理は完了です。
実際に動作させるとトグルボタンが画面上に出てきます。

地域トグルを変化させると、その地域に属する店舗に絞り込まれたドロップダウンが現れます。ドロップダウンで店舗を選択すると、次は期間を指定するための日付選択ボックスが現れますので、任意の期間に変更してみて下さい。
簡易的なダッシュボードが表示されます。これでプログラムを変更することなく、見たい店舗のデータを即時に参照することができました。

早速、現場知識のある人に見てもらい、意見をもらいましょう。

ノック30：
ダッシュボードを改善しよう

前ノックで作成したダッシュボードを見てもらった所、経営管理部のエリアマネージャー達から次の要望が上がりました。

第1部 データ分析システム
第3章 可視化の仕組みを構築する10本ノック

▼要望

地区ごとに集計してほしい

キャンセル率、配達完了までの時間を地域ごとにランキング形式で表示してほしい

　分析や可視化を一人だけで作っていると、近視眼的になったりして、結果的にあまり意味のない物ができてしまうケースがあります。このように、実際に使う人の視座で物事を考えることは大事ですが、なかなか難しいことでもあります。その場合は実際にヒアリングをしてしまうのが一番早いです。必ず、現場や業務に詳しい人にヒアリングし、フィードバックを行うように心掛けていきましょう。

　早速、機能を実装していきましょう。

```python
cal_orders_base = order_all.loc[(order_all['status'].isin([1, 2]))]


# 地域のランキング（配達時間）
print("配達時間　================")
print("地域ランキング ---------------")
display(pd.DataFrame(cal_orders_base.groupby(['narrow_area'])['delta'].mean().sort_values()))
print("地域毎のTOP5 ---------------")
for area in m_area['area_cd']:
    temp = cal_orders_base.loc[cal_orders_base['area_cd']==area]
    temp = temp.groupby(['store_id'])['delta'].mean().sort_values()
    temp = pd.merge(temp, m_store, on='store_id')[['store_name', 'delta']]
    display(temp.head())
```

104

ノック30：ダッシュボードを改善しよう

■図3-25：地域別、配達完了までの時間ランキング

まずは、配達時間のランキングを作っていきます。

一旦、デリバリーだけのデータフレームを作成し、地域(narrow_area)単位で配達完了までの時間(delta)の平均を算出し、昇順でソートしたものを、画面上に表示します。

次に、地域ごとにループ文を回して、地域毎の店舗のランキングを表示しています。

実行すると、地域のランキングと、それぞれの地域の店舗ランキング上位5位が表示されます。

続いて、同じ要領でキャンセル率のランキングを作成していきましょう。

```
# 地域のランキング（キャンセル率）
base_df = pd.merge(check_df, m_store, on='area_cd')
base_df = pd.merge(base_df, m_area, on='area_cd')
print("キャンセル率　==================")
print("地域ランキング ---------------")
```

第1部 データ分析システム
第3章 可視化の仕組みを構築する10本ノック

```
display(pd.DataFrame(base_df.groupby(['narrow_area'])['cancel_rate'].mean().sort_values()))
print("地域毎のTOP5 ---------------")
for area in m_area['area_cd']:
    temp = check_df.loc[check_df['area_cd']==area]
    temp = temp.groupby(['store_id'])['cancel_rate'].mean().sort_values()
    temp = pd.merge(temp, m_store, on='store_id')[['store_name', 'cancel_rate']]
    display(temp.head())
```

■図3-26：地域別、キャンセル率ランキング

　地域のキャンセル率は、**ノック28**ですでにcheck_dfとして算出済みですので、店舗情報とエリア情報を付与したデータフレームを作成します。
　次に、地域毎の平均を取得しソートしたうえで、画面上に表示します。
　続いて、店舗単位のループを行い、それぞれの地域の店舗毎のキャンセル率ランキングを表示していきます。

　本来であれば、**ノック29**のmake_board関数の中を修正して、今回追加したランキング機能をダッシュボード自体に追加するところですが、jupyternotebookと、本書の段階的な説明のやり方では難しいので、ランキング集計機能だけ実装しました。

ご自身で、**ノック29**のmake_board関数に組み込んでみて下さい。

同じ要領で、配達時間やキャンセル率のワーストランキングも表示すると面白いと思います。また、各パーツの組み合わせ等も行うことで、より多様な可視化ができるので、本章のソースを応用することで、比較的しっかりとした可視化ツールを作ることができるかと思います、こちらも是非トライしてみて下さい。

簡易的ではありますが、ダッシュボードのイメージが掴めたかと思います。

これをベースに、さらに現場のスタッフや上司等に意見を聞いて、仮説の検証やデータの確認、さらにはダッシュボードの改善を進めていくことができます。

前段にも書いた通り、分析や可視化を頑張っても、それが活用されなければ意味がありません。組織全体のデータリテラシーを高めるためには、現場のスタッフと一緒にデータを理解し、分析していくのが一番の近道かと思います。

そのためにダッシュボード等が効果的になってきますので、是非今後もストーリーや仮説をもとに、ダッシュボードを作ってみて下さい。

次章では、さらに組織がデータを活用できるように、レポーティングの仕組みを整えていきます。

第4章
レポーティングする仕組みを構築する10本ノック

　前章では、簡易的なダッシュボードを作成し、現場を知るメンバーへのヒアリングなどを行いました。その結果、店舗にも見せてみようという話になりました。
　ただ、店舗スタッフにPythonのプログラムを実行して確認しろというのは、あまりに酷な話です。そこで、今や誰しも一度は触れた経験のあるエクセル（Excel）で出力し、店舗管理者に送付することになりました。
　まずはPythonでエクセルを操作する基礎的なことを学習し、後半で実際にデータを**レポーティング**するためにエクセルを作成していきましょう。

　また、今回、jupyter-notebookでエクセルを操作するのに「OpenPyXL」というライブラリを利用します。
　OpenPyXLがインストールされていない環境の場合は、pip等でインストールを行って下さい。pipの場合「pip install openpyxl」となりますが、pip以外の場合は各環境に応じてインストールを行って下さい。

 note

本章ではエクセルへの出力結果を確認する作業が含まれますが、もしMicrosoft Officeが入っていない環境の場合は、以下のソフトで代替できます（無償利用可）。

・LibreOffice
・OpenOffice

ただし、本書はMicrosoft Officeのエクセルを対象に記載しておりますので、上記のフリーウェアで結果確認を行う場合、本書に記載した内容と表示結果が多少異なる可能性があります。その点につきましては読み替えて進めて下さい。

note

本章では結果の確認で出力したエクセルファイルを参照しながら進めて行きますが、その際同じファイルへの書き込みを行うことがあり、ファイルを開いたまま処理を実行すると、「[Errno 13] Permission denied:」というエラーが出ます。この場合はファイルを閉じてから処理を再開して下さい。

ノック31：特定店舗の売上をExcelにして出力してみよう
ノック32：Excelの表を整えて出力してみよう
ノック33：売上以外のデータも出力してみよう
ノック34：問題のある箇所を赤字で出力してみよう
ノック35：エクセルのセル関数で集計をしてみよう
ノック36：折れ線グラフにして出力してみよう
ノック37：レポートに向けてデータを準備しよう
ノック38：データシートに必要なデータを出力しよう
ノック39：サマリーシートを作成しよう
ノック40：店舗別にレポートをExcel出力してみよう

ノック31：特定店舗の売上をExcelにして出力してみよう

あなたの状況

あなたはダッシュボードをもとに戦略企画部と話をしてみた所、色々な意見・フィードバックを得て、とても良い感触を得ました。そこで、各店舗のマネージャーにも見てもらおうという話になりましたが、各店舗のマネージャーはPythonを実行する環境はありません。エクセルなら使えるとのことで、エクセルでレポーティングを行うことになりました。

前提条件

本章で取り扱う基礎データはこれまでと同じものを用います。

■表4-1：データ一覧

No.	ファイル名	概要
1	m_area.csv	地域マスタ。都道府県情報等。
2	m_store.csv	店舗マスタ。店舗名等。
3-1	tbl_order_202004.csv	注文データ。4月分。
3-2	tbl_order_202005.csv	注文データ。5月分。
3-3	tbl_order_202006.csv	注文データ。6月分。

ノック31：
特定店舗の売上をExcelにして出力してみよう

まずはデータを読み込んでいきます。前章の**ノック26**とほぼ同じ処理ですが、フォルダ内のデータを読み込んで、データの基礎的な加工まで実施します。

```
import pandas as pd
import glob
import os

m_store = pd.read_csv('m_store.csv')
m_area = pd.read_csv('m_area.csv')
```

111

第1部 データ分析システム
第4章 レポーティングする仕組みを構築する10本ノック

```python
current_dir = os.getcwd()
tbl_order_file = os.path.join(current_dir, 'tbl_order_*.csv')
tbl_order_files = glob.glob(tbl_order_file)

order_all = pd.DataFrame()
for file in tbl_order_files:
    order_tmp = pd.read_csv(file)
    print(f'{file}:{len(order_tmp)}')
    order_all = pd.concat([order_all, order_tmp], ignore_index=True)

# 保守用店舗データの削除
order_all = order_all.loc[order_all['store_id'] != 999]

order_all = pd.merge(order_all, m_store, on='store_id', how='left')
order_all = pd.merge(order_all, m_area, on='area_cd', how='left')

# マスターにないコードに対応した文字列を設定
order_all.loc[order_all['takeout_flag'] == 0, 'takeout_name'] = 'デリバリー'
order_all.loc[order_all['takeout_flag'] == 1, 'takeout_name'] = 'お持ち帰り'

order_all.loc[order_all['status'] == 0, 'status_name'] = '受付'
order_all.loc[order_all['status'] == 1, 'status_name'] = 'お支払済'
order_all.loc[order_all['status'] == 2, 'status_name'] = 'お渡し済'
order_all.loc[order_all['status'] == 9, 'status_name'] = 'キャンセル'

order_all.loc[:,'order_date'] = pd.to_datetime(order_all['order_accept_date']).dt.date

order_all.head()
```

112

ノック31：特定店舗の売上をExcelにして出力してみよう

■図4-1：データの読み込みと基礎加工

```
入力 [1]: import pandas as pd
         import glob
         import os

         m_store = pd.read_csv('m_store.csv')
         m_area = pd.read_csv('m_area.csv')

         current_dir = os.getcwd()
         tbl_order_file = os.path.join(current_dir, 'tbl_order_*.csv')
         tbl_order_files = glob.glob(tbl_order_file)

         order_all = pd.DataFrame()
         for file in tbl_order_files:
             order_tmp = pd.read_csv(file)
             print(f'{file}:{len(order_tmp)}')
             order_all = pd.concat([order_all, order_tmp], ignore_index=True)

         # 保守用店舗データの削除
         order_all = order_all.loc[order_all['store_id'] != 999]

         order_all = pd.merge(order_all, m_store, on='store_id', how='left')
         order_all = pd.merge(order_all, m_area, on='area_cd', how='left')

         # マスターにないコードに対応した文字列を設定
         order_all.loc[order_all['takeout_flag'] == 0, 'takeout_name'] = 'デリバリー'
         order_all.loc[order_all['takeout_flag'] == 1, 'takeout_name'] = 'お持ち帰り'

         order_all.loc[order_all['status'] == 0, 'status_name'] = '受付'
         order_all.loc[order_all['status'] == 1, 'status_name'] = 'お支払済'
         order_all.loc[order_all['status'] == 2, 'status_name'] = 'お渡し済'
         order_all.loc[order_all['status'] == 9, 'status_name'] = 'キャンセル'

         order_all.loc[:,'order_date'] = pd.to_datetime(order_all['order_accept_date']).dt.date

         order_all.head()

         /root/jupyter_notebook/codes/4章/tbl_order_202004.csv:233260
         /root/jupyter_notebook/codes/4章/tbl_order_202005.csv:241139
         /root/jupyter_notebook/codes/4章/tbl_order_202006.csv:233301
```

	order_id	store_id	customer_id	coupon_cd	sales_detail_id	order_accept_date	delivered_date	takeout_flag	total_amount	status	store_name	area_cd	w
0	79339111	49	C26387220	50	67393872	2020-04-01 11:00:00	2020-04-01 11:18:00	1	4144	1	浅草店	TK	
1	18941733	85	C48773811	26	91834983	2020-04-01 11:00:00	2020-04-01 11:22:00	0	2877	2	目黒店	TK	
2	56217880	76	C66287421	36	64409634	2020-04-01	2020-04-01	0	2603	2	本郷店	TK	

　もはや説明するまでもありませんが、データの読み込みと基礎的な加工を実施
しています。こちらは、第1章から続けている処理ですので、不明な所があった
らノックを見返してみて下さい。

　次に、エクセルの操作の基礎を行います。まずは新規のエクセルファイルを作
成し、A1セルに文字列を書き込んでみましょう。

```
import openpyxl

wb = openpyxl.Workbook()
ws = wb['Sheet']
ws.cell(1,1).value = '書き込みテストです。'
wb.save('test.xlsx')
wb.close()
```

113

第1部 データ分析システム
第4章 レポーティングする仕組みを構築する10本ノック

■図4-2：エクセルの書き込みテスト

```
In [2]: import openpyxl

        wb = openpyxl.Workbook()
        ws = wb['Sheet']
        ws.cell(1,1).value = '書き込みテストです。'
        wb.save('test.xlsx')
        wb.close()
```

ソースと同じ位置に「test.xlsx」ファイルが作成されます。
次に、同じファイルを開いて、A1セルを参照してみましょう。

```
wb = openpyxl.load_workbook('test.xlsx', read_only=True)
ws = wb['Sheet']
print(ws.cell(1, 1).value)
wb.close()
```

■図4-3：読み込みテスト

```
In [3]: wb = openpyxl.load_workbook('test.xlsx', read_only=True)
        ws = wb['Sheet']
        print(ws.cell(1, 1).value)
        wb.close()

        書き込みテストです。
```

無事に、テストで書き込んだ文字列を取得することができました。
まずはエクセルのファイル作成から、A1セルへの文字の書き込み、読み込み
が行えました。

次に、特定店舗のデータをエクセルに出力してみましょう。
まずはデータの準備です。

```
# テストデータの準備
store_id = 1
store_df = order_all.loc[order_all['store_id']==store_id].copy()
store_name = store_df['store_name'].unique()[0]
store_sales_total = store_df.loc[store_df['status'].isin([1, 2])]['total_a
mount'].sum()
store_sales_takeout = store_df.loc[store_df['status']==1]['total_amount'].
sum()
store_sales_delivery = store_df.loc[store_df['status']==2]['total_amoun
t'].sum()
```

114

ノック31：特定店舗の売上をExcelにして出力してみよう

```
print(f'売上額確認  {store_sales_total} = {store_sales_takeout + store_sal
es_delivery}')
output_df = store_df[['order_accept_date','customer_id','total_amount','ta
keout_name','status_name']]
output_df.head()
```

■図4-4：テストデータの準備

とりあえず、店舗ID「1」を固定で選択し、データの抽出を行って行きます。その際、決済金額の合計を算出しておきます。なお、決済金額の合計は、総合計、デリバリー合計、テイクアウト合計を計算しておりますので、それぞれが一致するか検算して画面上に表示しています。

その後、エクセルに吐き出すためにカラムを絞ったデータフレームを用意しています。

```
from openpyxl.utils.dataframe import dataframe_to_rows


store_title = f'{store_id}_{store_name}'


wb = openpyxl.Workbook()
ws = wb.active
ws.title = store_title


ws.cell(1, 1).value = f'{store_title} 売上データ'
```

115

第1部 データ分析システム
第4章 レポーティングする仕組みを構築する10本ノック

```
# OpenPyXLのユーティリティdataframe_to_rowsを利用
rows = dataframe_to_rows(output_df, index=False, header=True)


# 表の貼り付け位置
row_start = 3
col_start = 2


for row_no, row in enumerate(rows, row_start):
    for col_no, value in enumerate(row, col_start):
        ws.cell(row_no, col_no).value = value


filename = f'{store_title}.xlsx'
wb.save(filename)
wb.close()
```

■図4-5：データをエクセルに出力

```
In [5]: from openpyxl.utils.dataframe import dataframe_to_rows

        store_title = f'{store_id}_{store_name}'

        wb = openpyxl.Workbook()
        ws = wb.active
        ws.title = store_title

        ws.cell(1, 1).value = f'{store_title} 売上データ'

        # OpenPyXLのユーティリティdataframe_to_rowsを利用
        rows = dataframe_to_rows(output_df, index=False, header=True)

        # 表の貼り付け位置
        row_start = 3
        col_start = 2

        for row_no, row in enumerate(rows, row_start):
            for col_no, value in enumerate(row, col_start):
                ws.cell(row_no, col_no).value = value

        filename = f'{store_title}.xlsx'
        wb.save(filename)
        wb.close()
```

　1行目でOpenPyXLのユーティリティをインポートしています。これは、
Pandasのデータフレームを OpenPyXL用の行単位のオブジェクトに分割して
くれるものです。
　openpyxl.Workbook()で新規のワークブックオブジェクトを生成し、シート
名等を変更します。A1(1, 1)セルに店舗名とデータ種別がわかるように表記を
行っています。
　データフレームをdataframe_to_rowsで処理を行い、1行毎にループを実施
していきます。

116

行オブジェクトからはカラムオブジェクトが取れますので、カラム毎にもループを実施し、行、カラム番号のセルにデータフレームの値を書き込んでいきます。

　最後に、ファイル名を設定したうえで、.save()関数でファイルを保存します。

　実際にソースと同じ位置に「1_昭島店.xlsx」が作成されています。
　ファイルの中を確認してみると、先ほど作成したデータがエクセル上に表示されているのが確認できます。

■図4-6：エクセルファイルの内容

	A	B	C	D	E	F
1	1_昭島店 売上データ					
2						
3		order_acce	customer_i	total_amou	takeout_na	status_name
4		2020-04-CC25851661		2471	デリバリー	お渡し済
5		2020-04-CC7863207S		2112	デリバリー	キャンセル
6		2020-04-CC4470015		2122	デリバリー	キャンセル
7		2020-04-CC8026993		2615	お持ち帰り	お支払済
8		2020-04-CC70409495		4692	デリバリー	キャンセル
9		2020-04-CC7740716		2603	デリバリー	キャンセル
10		2020-04-CC7750845		3931	デリバリー	お渡し済
11		2020-04-CC83130731		3901	お持ち帰り	キャンセル
12		2020-04-CC22802269		2252	お持ち帰り	キャンセル
13		2020 04-CC7185526		3586	デリバリー	お渡し済
14		2020-04-CC85259317		2808	お持ち帰り	お支払済
15		2020-04-CC7672496		1882	お持ち帰り	お支払済
16		2020-04-CC5075842		5100	デリバリー	お渡し済
17		2020-04-CC1852369		3742	デリバリー	キャンセル
18		2020-04-CC97884595		2064	お持ち帰り	お支払済
19		2020-04-CC6288119C		2877	デリバリー	お渡し済
20		2020-04-CC11833463		3900	デリバリー	お渡し済
21		2020-04-CC8232241		4144	デリバリー	お渡し済
22		2020-04-CC8417446		2987	デリバリー	お渡し済
23		2020-04-CC2227746		3617	デリバリー	お渡し済
24		2020-04-CC3332682		2650	デリバリー	お渡し済
25		2020-04-CC8610963		2154	デリバリー	キャンセル
26		2020-04-CC68250603		3530	お持ち帰り	お支払済

　冒頭にも記載しましたが、ファイルを開いたままプログラムを実行するとエラーになりますので、閉じてから次の処理を実行して下さい。
　本来であれば、ファイル存在チェックやファイルがロックされているか等、エラーチェックを実施するところですが、今回はまだエクセルファイルの操作習熟なので、その辺りは割愛しています。

　次はエクセルを装飾していきましょう。

第1部 データ分析システム
第4章 レポーティングする仕組みを構築する10本ノック

⚾ ノック32：
Excelの表を整えて出力してみよう

　前ノックで無事にエクセルにデータが出力できました。ただ、このままでは日
付項目が短縮表示されてしまっていたりで、見づらいです。装飾を行い、表を整
えていきましょう。

```
# スタイル関係のインポート
from openpyxl.styles import PatternFill, Border, Side, Font

openpyxl.load_workbook(filename)
ws = wb[store_title]

side = Side(style='thin', color='008080')
border = Border(top=side, bottom=side, left=side, right=side)

# データの表の部分に罫線を設定
for row in ws:
    for cell in row:
        if ws[cell.coordinate].value:
            ws[cell.coordinate].border = border
```

■図4-7：罫線の設定と描画

```
In [6]:  # スタイル関係のインポート
         from openpyxl.styles import PatternFill, Border, Side, Font

         openpyxl.load_workbook(filename)
         ws = wb[store_title]

         side = Side(style='thin', color='008080')
         border = Border(top=side, bottom=side, left=side, right=side)

         # データの表の部分に罫線を設定
         for row in ws:
             for cell in row:
                 if ws[cell.coordinate].value:
                     ws[cell.coordinate].border = border
```

　OpenPyXLのスタイル関係のインポートを1行目で実施しています。
　次に、先ほど作成したファイルを再度開いて、ワークシートも選択しておきます。
　罫線のスタイル設定を行ったうえで、ワークシート内をfor文で回しながら、1
セル毎に罫線を引いていきます。ただ、この処理を実行しただけではエクセルは
保存されませんので、引き続き次の整形処理に移ります。

ノック32：Excelの表を整えて出力してみよう

```
ws.cell(1,1).font = Font(bold=True, color='008080')


cell = ws.cell(3, 2)
cell.fill = PatternFill(patternType='solid', fgColor='008080')
cell.value = '注文受注日時'
cell.font = Font(bold=True, color='FFFFFF')


cell = ws.cell(3, 3)
cell.fill = PatternFill(patternType='solid', fgColor='008080')
cell.value = '顧客ID'
cell.font = Font(bold=True, color='FFFFFF')


cell = ws.cell(3, 4)
cell.fill = PatternFill(patternType='solid', fgColor='008080')
cell.value = '購入総額'
cell.font = Font(bold=True, color='FFFFFF')


cell = ws.cell(3, 5)
cell.fill = PatternFill(patternType='solid', fgColor='008080')
cell.value = '注文タイプ'
cell.font = Font(bold=True, color='FFFFFF')


cell = ws.cell(3, 6)
cell.fill = PatternFill(patternType='solid', fgColor='008080')
cell.value = '注文状態'
cell.font = Font(bold=True, color='FFFFFF')


ws.column_dimensions['A'].width = 20
ws.column_dimensions['B'].width = 20
ws.column_dimensions['C'].width = 12
ws.column_dimensions['D'].width = 12
ws.column_dimensions['E'].width = 12
ws.column_dimensions['F'].width = 12


# ファイルに保存
```

第1部 データ分析システム
第4章 レポーティングする仕組みを構築する10本ノック

```
wb.save(filename)

wb.close()
```

■図4-8：各種装飾を実施したのちワークブックを保存

```
In [7]:  ws.cell(1,1).font = Font(bold=True, color='008080')

         cell = ws.cell(3, 2)
         cell.fill = PatternFill(patternType='solid', fgColor='008080')
         cell.value = '注文受注日時'
         cell.font = Font(bold=True, color='FFFFFF')

         cell = ws.cell(3, 3)
         cell.fill = PatternFill(patternType='solid', fgColor='008080')
         cell.value = '顧客ID'
         cell.font = Font(bold=True, color='FFFFFF')

         cell = ws.cell(3, 4)
         cell.fill = PatternFill(patternType='solid', fgColor='008080')
         cell.value = '購入総額'
         cell.font = Font(bold=True, color='FFFFFF')

         cell = ws.cell(3, 5)
         cell.fill = PatternFill(patternType='solid', fgColor='008080')
         cell.value = '注文タイプ'
         cell.font = Font(bold=True, color='FFFFFF')

         cell = ws.cell(3, 6)
         cell.fill = PatternFill(patternType='solid', fgColor='008080')
         cell.value = '注文状態'
         cell.font = Font(bold=True, color='FFFFFF')

         ws.column_dimensions['A'].width = 20
         ws.column_dimensions['B'].width = 20
         ws.column_dimensions['C'].width = 12
         ws.column_dimensions['D'].width = 12
         ws.column_dimensions['E'].width = 12
         ws.column_dimensions['F'].width = 12

         # ファイルに保存
         wb.save(filename)
         wb.close()
```

　1セル毎に装飾を行うので、長くなってしまいましたが、やっていることはとても単純です。

　対象のセルを選択し、塗りつぶしやフォントの変更を行っています。

　また、下の方では、カラムの幅を調整し、日付等がちゃんと見えるように調整を行っています。

　実際にエクセルを開いてみて下さい。少し綺麗になったのではないでしょうか。

ノック33：売上以外のデータも出力してみよう

■図4-9：装飾後のエクセルファイル

	A	B	C	D	E	F
1	1 昭島店 売上データ					
2						
3		注文受注日時	顧客ID	購入総額	注文タイプ	注文状態
4		2020-04-01 11:09:09	C25851661	2471	デリバリー	お渡し済
5		2020-04-01 11:11:11	C78632079	2112	デリバリー	キャンセル
6		2020-04-01 11:28:28	C44700154	2122	デリバリー	キャンセル
7		2020-04-01 11:49:49	C80269937	2615	お持ち帰り	お支払済
8		2020-04-01 12:05:05	C70409495	4692	デリバリー	キャンセル
9		2020-04-01 12:11:11	C77407164	2603	デリバリー	キャンセル
0		2020-04-01 12:41:41	C77508455	3931	デリバリー	お渡し済
1		2020-04-01 12:55:55	C83130731	3901	お持ち帰り	キャンセル
2		2020-04-01 13:01:01	C22802269	2252	お持ち帰り	キャンセル
3		2020-04-01 13:45:45	C71855263	3586	デリバリー	お渡し済
4		2020-04-01 13:50:50	C85259317	2808	お持ち帰り	お支払済
5		2020-04-01 14:22:22	C76724964	1882	お持ち帰り	お支払済
6		2020-04-01 15:06:06	C50758423	5100	デリバリー	お渡し済
7		2020-04-01 15:12:12	C18523693	3742	デリバリー	キャンセル

⚾ ノック33：
売上以外のデータも出力してみよう

　売上データを整形してエクセルに出力できました。次は、前章で課題と認識した配達完了までの時間を計算してエクセルに出力しましょう。

```
def calc_delta(t):
    t1, t2 = t
    delta = t2 - t1
    return delta.total_seconds()/60


store_df.loc[:,'order_accept_datetime'] = pd.to_datetime(store_df['order_a
ccept_date'])
store_df.loc[:,'delivered_datetime'] = pd.to_datetime(store_df['delivered_
date'])
store_df.loc[:,'delta'] = store_df[['order_accept_datetime', 'delivered_da
tetime']].apply(calc_delta, axis=1)


delivery_time = store_df.groupby(['store_id'])['delta'].describe()
delivery_time
```

121

第1部 データ分析システム
第4章 レポーティングする仕組みを構築する10本ノック

■図4-10：配達完了までの時間の計算

```
入力 [8]:  def calc_delta(t):
               t1, t2 = t
               delta = t2 - t1
               return delta.total_seconds()/60

           store_df.loc[:,'order_accept_datetime'] = pd.to_datetime(store_df['order_accept_date'])
           store_df.loc[:,'delivered_datetime'] = pd.to_datetime(store_df['delivered_date'])
           store_df.loc[:,'delta'] = store_df[['order_accept_datetime', 'delivered_datetime']].apply(calc_delta, axis=1)

           delivery_time = store_df.groupby(['store_id'])['delta'].describe()
           delivery_time

出力 [8]:
                    count      mean       std  min   25%   50%   75%   max
           store_id
                 1  3553.0  34.477062  14.514403  10.0  22.0  34.0  47.0  59.0
```

　この処理は前ノックで実施したこととほぼ同じです。最後に、.describe()関数で結果を表示しています。これによると、最短で10分、最長で59分、平均は34分と一目でデータの状態を確認できます。

```
openpyxl.load_workbook(filename)

ws = wb[store_title]


cell = ws.cell(1, 7)

cell.value = f'配達完了までの時間'

cell.font = Font(bold=True, color='008080')


rows = dataframe_to_rows(delivery_time, index=False, header=True)


# 表の貼り付け位置

row_start = 3

col_start = 8


for row_no, row in enumerate(rows, row_start):

    for col_no, value in enumerate(row, col_start):

        cell = ws.cell(row_no, col_no)

        cell.value = value

        cell.border = border

        if row_no == row_start:

            cell.fill = PatternFill(patternType='solid', fgColor='008080')

            cell.font = Font(bold=True, color='FFFFFF')
```

```
filename = f'{store_title}.xlsx'
wb.save(filename)
wb.close()
```

■ 図4-11：計算した配達完了までの時間をエクセルに出力

```
In [9]: openpyxl.load_workbook(filename)
        ws = wb[store_title]

        cell = ws.cell(1, 7)
        cell.value = f'配達完了までの時間'
        cell.font = Font(bold=True, color='008080')

        rows = dataframe_to_rows(delivery_time, index=False, header=True)

        # 表の貼り付け位置
        row_start = 3
        col_start = 8

        for row_no, row in enumerate(rows, row_start):
            for col_no, value in enumerate(row, col_start):
                cell = ws.cell(row_no, col_no)
                cell.value = value
                cell.border = border
                if row_no == row_start:
                    cell.fill = PatternFill(patternType='solid', fgColor='008080')
                    cell.font = Font(bold=True, color='FFFFFF')

        filename = f'{store_title}.xlsx'
        wb.save(filename)
        wb.close()
```

■ 図4-12：エクセルファイルの結果

次は、条件を付けて装飾をしてみましょう。

ノック34：
問題のある箇所を赤字で出力してみよう

データを出力する処理に少し手を加えて、ある条件の時に装飾を変化させて出力してみましょう。これは強調したい箇所等にとても有効です。

今回はテストなので、とりあえず「キャンセル」という文字を赤くしてみます。

```
openpyxl.load_workbook(filename)
ws = wb[store_title]
```

第1部 データ分析システム
第4章 レポーティングする仕組みを構築する10本ノック

```python
rows = dataframe_to_rows(output_df, index=False, header=True)

# 表の貼り付け位置
row_start = 3
col_start = 2

for row_no, row in enumerate(rows, row_start):
    if row_no == row_start:
        continue
    for col_no, value in enumerate(row, col_start):
        ws.cell(row_no, col_no).value = value
        if value == 'キャンセル':
            ws.cell(row_no, col_no).font = Font(bold=True, color='FF0000')

filename = f'{store_title}.xlsx'
wb.save(filename)
wb.close()
```

■図4-13：キャンセルデータを赤文字にして出力

124

■図4-14：エクセルの結果

途中にキャンセル判定を行って、合致するデータのフォントを指定するという点以外は、前ノックとほぼ変わりません。

次は、エクセルのセル関数を用いてエクセル上で計算するように出力してみましょう。

ノック35：
エクセルのセル関数で日毎の集計をしてみよう

エクセルには「セル関数」というものがあり、とても便利に使うことができます。Python側で計算をした方が早いケースも多いですが、些細な計算等をいちいちPythonで計算して結果を出力しなくても、データからセル関数で計算してしまうという手もあります。

Pythonとエクセルどちらも使って効率的に開発を行っていきましょう。

```
openpyxl.load_workbook(filename)
ws = wb[store_title]


cell = ws.cell(7, 7)
cell.value = '集計'
```

第1部 データ分析システム
第4章 レポーティングする仕組みを構築する10本ノック

```python
cell.font = Font(bold=True, color='008080')


cell = ws.cell(8,8)
cell.value = 'データ総額'
cell.font = Font(bold=True, color='008080')


cell = ws.cell(8,10)
cell.value = f'=SUM(D4:D{ws.max_row})'


cell = ws.cell(9,8)
cell.value = '　内 決済完了額'
cell.font = Font(bold=True)


cell = ws.cell(9,10)
cell.value = f'=SUMIF(F4:F{ws.max_row},"<>キャンセル",D4:D{ws.max_row})'


cell = ws.cell(10,8)
cell.value = '　内 キャンセル額'
cell.font = Font(bold=True)


cell = ws.cell(10,10)
cell.value = f'=SUMIF(F4:F{ws.max_row},"=キャンセル",D4:D{ws.max_row})'


filename = f'{store_title}.xlsx'
wb.save(filename)
wb.close()
```

ノック36：折れ線グラフにして出力してみよう

■図4-15：エクセルのセル関数

```
In [11]: openpyxl.load_workbook(filename)
         ws = wb[store_title]

         cell = ws.cell(7,7)
         cell.value = '集計'
         cell.font = Font(bold=True, color='008080')

         cell = ws.cell(8,8)
         cell.value = 'データ総額'
         cell.font = Font(bold=True, color='008080')

         cell = ws.cell(8,10)
         cell.value = f'=SUM(D4:D{ws.max_row})'

         cell = ws.cell(9,8)
         cell.value = '  内 決済完了額'
         cell.font = Font(bold=True)

         cell = ws.cell(9,10)
         cell.value = f'=SUMIF(F4:F{ws.max_row},"<>キャンセル",D4:D{ws.max_row})'

         cell = ws.cell(10,8)
         cell.value = '  内 キャンセル額'
         cell.font = Font(bold=True)

         cell = ws.cell(10,10)
         cell.value = f'=SUMIF(F4:F{ws.max_row},"=キャンセル",D4:D{ws.max_row})'

         filename = f'{store_title}.xlsx'
         wb.save(filename)
         wb.close()
```

■図4-16：エクセルの結果

ノック36：
折れ線グラフにして出力してみよう

前ノックのセル関数同様に、エクセルのグラフ処理を利用し、売上のグラフを出力してみましょう。今回はオーダー情報を折れ線グラフで表示していきますが、テストなのでデータの一部を利用しています。

```
from openpyxl.chart import Reference, BarChart, PieChart, LineChart, ScatterChart, Series
```

127

第1部 データ分析システム
第4章 レポーティングする仕組みを構築する10本ノック

```python
openpyxl.load_workbook(filename)
ws = wb[store_title]

cell = ws.cell(7, 7)
cell.value = f'売上グラフ'
cell.font = Font(bold=True, color='008080')

# グラフ用の参照データを指定、D列（購入総額）の4行目から20件を指定
refy = Reference(ws, min_col=4, min_row=4, max_col=4, max_row=23)

# グラフシリーズを生成
series = Series(refy, title='売上額')

# Chart
chart = LineChart()
chart.title = '折れ線グラフ'
chart.x_axis.title = '件数'
chart.y_axis.title = '売上額'
chart.height = 10
chart.width = 20
chart.series.append(series)

# 生成したChartオブジェクトをシートの指定位置に追加
ws.add_chart(chart, 'H12')

filename = f'{store_title}.xlsx'
wb.save(filename)
wb.close()
```

ノック36：折れ線グラフにして出力してみよう

■図4-17：グラフ描画処理

```
入力 [12]: from openpyxl.chart import Reference, BarChart, PieChart, LineChart, ScatterChart, Series
          openpyxl.load_workbook(filename)
          ws = wb[store_title]

          cell = ws.cell(7, 7)
          cell.value = f'売上グラフ'
          cell.font = Font(bold=True, color='008080')

          # グラフ用の参照データを指定、D列（購入総額）の4行目から20件を指定
          refy = Reference(ws, min_col=4, min_row=4, max_col=4, max_row=23)

          # グラフシリーズを生成
          series = Series(refy, title='売上額')

          # Chart
          chart = LineChart()
          chart.title = '折れ線グラフ'
          chart.x_axis.title = '件数'
          chart.y_axis.title = '売上額'
          chart.height = 10
          chart.width = 20
          chart.series.append(series)

          # 生成したChartオブジェクトをシートの指定位置に追加
          ws.add_chart(chart, 'H12')

          filename = f'{store_title}.xlsx'
          wb.save(filename)
          wb.close()
```

1行目でグラフ関係のインポートを実施しています。今回使うのはLineChartとなりますが、それ以外のグラフもインポートしておきます。

グラフを作るために、まずはReference関数で参照エリアを設定します。今回のケースでは、4カラム目の購入総額について、4行目から20件分データを参照設定にしています。

その後、シリーズとチャートを作成しています。その際、LineChart()を生成し、H12セルの位置にグラフを配置します。

■図4-18：エクセルの結果

第1部 データ分析システム
第4章 レポーティングする仕組みを構築する10本ノック

⚾ ノック37：
レポートに向けてデータを準備しよう

　おおよそのエクセルの機能は使えるようになったかと思います。本章は**レポーティング**を目的としていますので、細かいテクニック等は割愛します。

　まずはレポーティングに向けてデータの準備をしていきます。

```python
# キャンセル率ランキングデータを準備
cancel_df = pd.DataFrame()
cancel_cnt = order_all.loc[order_all['status']==9].groupby(['store_id'])['store_id'].count()
order_cnt = order_all.loc[order_all['status'].isin([1, 2, 9])].groupby(['store_id'])['store_id'].count()
cancel_rate = (cancel_cnt / order_cnt) * 100
cancel_df['cancel_rate'] = cancel_rate
cancel_df = pd.merge(cancel_df, m_store, on='store_id', how='left')
cancel_rank = cancel_df.sort_values('cancel_rate', ascending=True).reset_index()

def check_store_cancel_rank(trg_id):
    tmp = cancel_rank.loc[cancel_rank['store_id']==trg_id].index + 1
    return tmp[0]
```

■図4-19：キャンセル率ランキングと店舗ランクの調査関数

```
入力 [13]: # キャンセル率ランキングデータを準備
          cancel_df = pd.DataFrame()
          cancel_cnt = order_all.loc[order_all['status']==9].groupby(['store_id'])['store_id'].count()
          order_cnt = order_all.loc[order_all['status'].isin([1, 2, 9])].groupby(['store_id'])['store_id'].count()
          cancel_rate = (cancel_cnt / order_cnt) * 100
          cancel_df['cancel_rate'] = cancel_rate
          cancel_df = pd.merge(cancel_df, m_store, on='store_id', how='left')
          cancel_rank = cancel_df.sort_values('cancel_rate', ascending=True).reset_index()

          def check_store_cancel_rank(trg_id):
              tmp = cancel_rank.loc[cancel_rank['store_id']==trg_id].index + 1
              return tmp[0]
```

　ここでは、キャンセル率のランキングデータを準備しています。この辺りの処理は第3章などの応用となりますので、細かい説明は割愛致します。
　最後に「check_store_cancel_rank(trg_id)」という関数を定義しています。

130

ノック37：レポートに向けてデータを準備しよう

これは後に再利用するために**関数化**しています。内容としては、指定した店舗が
キャンセル率ランキング何位なのかを調べています。

```
def get_area_df(trg_id):
    # 該当店舗が属する、地域別データの集計と売上ランク
    area_df = pd.DataFrame()
    area_df = order_all.loc[order_all['area_cd']==store_df['area_cd'].uniq
ue()[0]]
    area_df = area_df.loc[area_df['status'].isin([1, 2])]
    return area_df


def get_area_rank_df(trg_id):
    area_df = get_area_df(trg_id)
    area_rank = area_df.groupby(['store_id'])['total_amount'].sum().sort_v
alues(ascending=False)
    area_rank = pd.merge(area_rank, m_store, on='store_id', how='left')

    return area_rank


def check_store_sales_rank(trg_id):
    area_rank = get_area_rank_df(trg_id)

    tmp = area_rank.loc[area_rank['store_id']==trg_id].index + 1
    return tmp[0]
```

■図4-20：地域毎の売上集計関数と、ランキング集計

```
In [14]:  def get_area_df(trg_id):
              # 該当店舗が属する、地域別データの集計と売上ランク
              area_df = pd.DataFrame()
              area_df = order_all.loc[order_all['area_cd']==store_df['area_cd'].unique()[0]]
              area_df = area_df.loc[area_df['status'].isin([1, 2])]
              return area_df

          def get_area_rank_df(trg_id):
              area_df = get_area_df(trg_id)
              area_rank = area_df.groupby(['store_id'])['total_amount'].sum().sort_values(ascending=False)
              area_rank = pd.merge(area_rank, m_store, on='store_id', how='left')

              return area_rank

          def check_store_sales_rank(trg_id):
              area_rank = get_area_rank_df(trg_id)

              tmp = area_rank.loc[area_rank['store_id']==trg_id].index + 1
              return tmp[0]
```

第1部 データ分析システム
第4章 レポーティングする仕組みを構築する10本ノック

　こちらも同様に後の処理で再利用するために関数を定義しています。

　get_area_df(trg_id)は該当店舗が属する地域の注文情報を抽出する処理です。これにより、同じ地域に属する店舗内でのランキング集計が可能となります。

　get_area_rank_df(trg_id)は先ほどの関数で地域単位の注文情報を抽出したものに対して、店舗単位で金額合計を算出し、金額の多い順に並び替えてランキングを作成したものです。

　最後にcheck_store_sales_rank(trg_id)は、キャンセル率の時と同じく、該当の店舗が売上ランキングのどの位置にいるのかを調べる関数となっています。

```
def make_store_daily(trg_id):
    # 該当店舗の日毎売上データ
    tmp_store_df = order_all.loc[(order_all['store_id']==trg_id) & (order_
all['status'].isin([1, 2]))]
    tmp = tmp_store_df[['order_accept_date', 'total_amount']].copy()
    tmp.loc[:,'order_accept_date'] = pd.to_datetime(tmp['order_accept_dat
e'])
    tmp.set_index('order_accept_date', inplace=True)
    tmp = tmp.resample('D').sum().reset_index()

    return tmp
```

■図4-21：該当店舗の日単位の売上を集計

```
入力 [15]: def make_store_daily(trg_id):
              # 該当店舗の日毎売上データ
              tmp_store_df = order_all.loc[(order_all['store_id']==trg_id) & (order_all['status'].isin([1, 2]))]
              tmp = tmp_store_df[['order_accept_date', 'total_amount']].copy()
              tmp.loc[:,'order_accept_date'] = pd.to_datetime(tmp['order_accept_date'])
              tmp.set_index('order_accept_date', inplace=True)
              tmp = tmp.resample('D').sum().reset_index()

              return tmp
```

　この処理は前章でも実施した、日単位での売上金額の合計を算出する処理です。こちらも再利用可能なように関数にしています。

```
def get_area_delivery(trg_id):
    # 該当店舗が属する、地域別データの配達完了までの時間ランク
    area_delivery = pd.DataFrame()
    area_df = get_area_df(trg_id)
```

ノック37：レポートに向けてデータを準備しよう

```python
    area_delivery = area_df.loc[area_df['status']==2].copy()

    area_delivery.loc[:,'order_accept_datetime'] = pd.to_datetime(area_del
ivery['order_accept_date'])
    area_delivery.loc[:,'delivered_datetime'] = pd.to_datetime(area_delive
ry['delivered_date'])
    area_delivery.loc[:,'delta'] = area_delivery[['order_accept_datetime',
'delivered_datetime']].apply(calc_delta, axis=1)

    return area_delivery

def get_area_delivery_rank_df(trg_id):
    area_delivery = get_area_delivery(trg_id)
    area_delivery_rank = area_delivery.groupby(['store_id'])['delta'].mea
n().sort_values()
    area_delivery_rank = pd.merge(area_delivery_rank, m_store, on='store_
id', how='left')

    return area_delivery_rank

def check_store_delivery_rank(trg_id):
    area_delivery_rank = get_area_delivery_rank_df(trg_id)

    tmp = area_delivery_rank.loc[area_delivery_rank['store_id']==trg_id].i
ndex + 1
    return tmp[0]
```

■図4-22：該当店舗の配達までの時間集計処理

第1部 データ分析システム
第4章 レポーティングする仕組みを構築する10本ノック

　ここでは、地域毎の配達完了までの時間を集計、ランキングしています。
基本的にはキャンセル率等と同様の処理です。

　本ノックは準備として、利用する関数の定義をメインに進めてきました。関数
は呼び出されるまで実行されないため、不具合等があっても、現段階ではわかり
ません。
　実際に関数を呼び出したときにエラーが表示されますので、これまで以上にエ
ラーの原因を特定するのに注意が必要です。ただし、画面に出ているエラー内容
を読むと、どこでどのようなエラーが出ているか書いてありますので、エラー画
面ですぐに慌てずに、内容を読んでみて下さい。デバッグも大事なスキルの1つ
です。

ノック38： データシートに必要なデータを出力しよう

　前ノックで作成した関数に続き、データをエクセルに出力するための関数を作っ
ていきましょう。こちらも後に再利用するので、関数化していきます。
　その前段処理として、これまでに暫定的に作ってきたエクセルファイルを一旦
削除します。

```
# 最初にテスト用のファイルを削除
if os.path.exists('test.xlsx') : os.remove('test.xlsx')
if os.path.exists(filename): os.remove(filename)
```

■図4-23：ファイルの削除処理

```
In [17]: # 最初にテスト用のファイルを削除
         if os.path.exists('test.xlsx') : os.remove('test.xlsx')
         if os.path.exists(filename): os.remove(filename)
```

　前半のif文はファイルの存在チェックを行っています。存在する場合、
removeでファイルを消しています。
　次は、複数のデータをシートに張り付けるための、汎用的な関数を用意します。

```
def data_sheet_output(trg_wb, sheetname, target_df, indexFlg):
    ws = trg_wb.create_sheet(title=sheetname)
```

ノック38：データシートに必要なデータを出力しよう

```
    rows = dataframe_to_rows(target_df, index=indexFlg, header=True)

    # 表の貼り付け位置
    row_start = 1
    col_start = 1

    for row_no, row in enumerate(rows, row_start):
        for col_no, value in enumerate(row, col_start):
            ws.cell(row_no, col_no).value = value

    # データシートは非表示にしておく
    ws.sheet_state = 'hidden'
```

■図4-24：データをエクセルに出力する汎用関数

```
In [18]: def data_sheet_output(trg_wb, sheetname, target_df, indexFlg):
             ws = trg_wb.create_sheet(title=sheetname)

             rows = dataframe_to_rows(target_df, index=indexFlg, header=True)

             # 表の貼り付け位置
             row_start = 1
             col_start = 1

             for row_no, row in enumerate(rows, row_start):
                 for col_no, value in enumerate(row, col_start):
                     ws.cell(row_no, col_no).value = value

             # データシートは非表示にしておく
             ws.sheet_state = 'hidden'
```

　この関数は、前半のノックでも使った内容を関数化し、引数でデータを受ける形にすることで、複数のデータの出力処理をこの関数でできるようにしたものです。

　今回、データシートとして出力するので、タイトルや装飾は行わず、さらにシート自体を非表示にして隠してしまいます。

　次は上記の関数を呼び出す関数を定義します。

```
def make_data_sheet(trg_id, trg_st_df, targetfolder):
    target_daily = make_store_daily(trg_id)
    store_name = trg_st_df['store_name'].unique()[0]
```

135

第1部 データ分析システム
第4章 レポーティングする仕組みを構築する10本ノック

```
# 新たにファイルを作成する
store_title = f'{trg_id}_{store_name}'

wb = openpyxl.Workbook()

# キャンセルランキング
data_sheet_output(wb, 'Data_CancelRank', cancel_rank, False)
# エリア売上ランキング
data_sheet_output(wb, 'Data_AreaRank', get_area_rank_df(trg_id), False)
# エリア配達時間ランキング
data_sheet_output(wb, 'Data_DeliveryRank', get_area_delivery_rank_df(trg_id), False)
# 該当店舗の日単位売上データ
data_sheet_output(wb, 'Data_Target_Daily', target_daily, False)

filename = os.path.join(targetfolder, f'{store_title}.xlsx')
wb.save(filename)
wb.close()

return filename
```

■図4-25：data_sheet_output関数をコールする関数

```
In [19]: def make_data_sheet(trg_id, trg_st_df, targetfolder):
             target_daily = make_store_daily(trg_id)
             store_name = trg_st_df['store_name'].unique()[0]

             # 新たにファイルを作成する
             store_title = f'{trg_id}_{store_name}'

             wb = openpyxl.Workbook()

             # キャンセルランキング
             data_sheet_output(wb, 'Data_CancelRank', cancel_rank, False)
             # エリア売上ランキング
             data_sheet_output(wb, 'Data_AreaRank', get_area_rank_df(trg_id), False)
             # エリア配達時間ランキング
             data_sheet_output(wb, 'Data_DeliveryRank', get_area_delivery_rank_df(trg_id), False)
             # 該当店舗の日単位売上データ
             data_sheet_output(wb, 'Data_Target_Daily', target_daily, False)

             filename = os.path.join(targetfolder, f'{store_title}.xlsx')
             wb.save(filename)
             wb.close()

             return filename
```

　この関数は新規ワークブックオブジェクトを生成し、先ほど作成したdata_sheet_output関数を呼び出して、4種類のデータをエクセルに出力する処理を

136

行います。

　このように、関数は入れ子になっていくことが多いです。関数やクラスは細か
い方が好ましいのは事実ですが、あまり極端に細かくしてしまうと、可読性やメ
ンテナンス性が逆に損なわれることもありますので、現場のメンバーのスキルレ
ベル等も考慮して、構造化プログラム設計を考える必要があります。

　最後に、make_data_sheet関数を呼び出して、データシートを内包したエク
セルファイルを出力しましょう。

```
filename_store = make_data_sheet(store_id, store_df, '')
```

■図4-26：make_data_sheet関数の呼び出し

```
In [20]: filename_store = make_data_sheet(store_id, store_df, '')
```

　この処理を行うと、make_data_sheet関数が呼ばれ、その中で、data_
sheet_output関数が呼ばれて、最終的にエクセルファイルが出力されます。
　なお、処理にも記載してあります通り、4種類のデータシートは非表示になっ
ているので、エクセルファイルを開いても見えません(シート右クリックで再表示
すれば見ることができます)。

　次は、データシート等を活用し、レポーティングのためのサマリーシートを作
成していきましょう。

ノック39：
サマリーシートを作成しよう

　前章のダッシュボードでもいえることですが、詳細なデータというのは興味を
持たせてからで十分なので、まずは概要で伝えたいデータを一目で伝わるように
心掛けてレポートも作成していきます。
　資料等を作っている当事者は、情報を深く知っているため、つい情報を多く掲
載したくなってしまいますが、受け取った人は初見ですので、その人達の情報レ
ベルに合わせるように意識していくと、とても伝わりやすい資料やデータ可視化
が可能になります。

第1部 データ分析システム
第4章 レポーティングする仕組みを構築する10本ノック

早速、サマリーシートを作成する関数を作っていきましょう。

この関数も例にもれず長いですが、エクセルの装飾等がメインなので、複雑なことはしていません。これまでの応用ですので、あまり身構えずに見て下さい。

```python
def make_summary_sheet(trg_id, storename, trgfile):
    target_cancel_rank = check_store_cancel_rank(trg_id)
    target_sales_rank = check_store_sales_rank(trg_id)
    target_delivery_rank = check_store_delivery_rank(trg_id)

    wb = openpyxl.load_workbook(trgfile)
    ws = wb.active
    ws.title = 'サマリーレポート'

    cell = ws.cell(1,1)
    cell.value = f'{storename} サマリーレポート (4月～6月)'
    cell.font = Font(bold=True, color='008080', size=20)

    ## 売上ランキングの表示
    tmpWs = wb['Data_Target_Daily']
    cell = ws.cell(3, 2)
    cell.value = '店舗売上額'
    cell.font = Font(bold=True, color='008080', size=16)

    # セルの結合
    ws.merge_cells('E3:F3')

    cell = ws.cell(3, 5)
    cell.value = f'=SUM({tmpWs.title}!B2:B{tmpWs.max_row})'
    cell.font = Font(bold=True, color='0080FF', size=16)
    cell.number_format = '#,##0'

    cell = ws.cell(4, 2)
    cell.value = '店舗売上ランク'
    cell.font = Font(bold=True, color='008080', size=16)

    cell = ws.cell(4, 5)
```

138

```python
    cell.value = f'{len(m_store)}店舗中　{target_sales_rank} 位'
    cell.font = Font(bold=True, color='0080FF', size=16)

    # グラフ用の参照データを指定
    refy = Reference(tmpWs, min_col=2, min_row=2, max_col=2, max_row=tmpW
s.max_row)

    # グラフシリーズを生成
    series = Series(refy, title='売上額')

    # Chart
    chart = LineChart()
    chart.title = '期間売上額（日毎）'
    chart.x_axis.title = '件数'
    chart.y_axis.title = '売上額'
    chart.height = 10
    chart.width = 15
    chart.series.append(series)

    # 生成したChartオブジェクトをシートの指定位置に追加
    ws.add_chart(chart, 'B6')

    # 地域情報
    tmpWs = wb['Data_AreaRank']

    cell = ws.cell(4, 10)
    cell.value = '地域店舗売上情報'
    cell.font = Font(bold=True, color='008080', size=16)

    cell = ws.cell(5, 11)
    cell.value = '最高額'

    cell = ws.cell(5, 12)
    cell.value = f'=MAX({tmpWs.title}!B2:B{tmpWs.max_row})'
    cell.number_format = '#,##0'
```

第1部 データ分析システム
第4章 レポーティングする仕組みを構築する10本ノック

```python
cell = ws.cell(6, 11)
cell.value = '最低額'


cell = ws.cell(6, 12)
cell.value = f'=MIN({tmpWs.title}!B2:B{tmpWs.max_row})'
cell.number_format = '#,##0'


cell = ws.cell(7, 11)
cell.value = '地域平均'


cell = ws.cell(7, 12)
cell.value = f'=AVERAGE({tmpWs.title}!B2:B{tmpWs.max_row})'
cell.number_format = '#,##0'


## キャンセル率の表示
cell = ws.cell(11, 10)
cell.value = 'キャンセルランク'
cell.font = Font(bold=True, color='008080', size=16)


cell = ws.cell(12, 11)
cell.value = f'{len(m_store)}店舗中  {target_cancel_rank} 位'
cell.font = Font(bold=True, color='0080FF', size=16)


tmpWs = wb['Data_CancelRank']


cell = ws.cell(13, 11)
cell.value = '地域平均'


cell = ws.cell(13, 12)
cell.value = f'=AVERAGE({tmpWs.title}!C2:C{tmpWs.max_row})'
cell.number_format = '0.00'


## 配達時間ランキングの表示
cell = ws.cell(15, 10)
cell.value = '配達時間ランク'
cell.font = Font(bold=True, color='008080', size=16)
```

ノック39：サマリーシートを作成しよう

```python
cell = ws.cell(16, 11)
cell.value = f'{len(m_store)}店舗中　{target_delivery_rank} 位'
cell.font = Font(bold=True, color='0080FF', size=16)

tmpWs = wb['Data_DeliveryRank']

cell = ws.cell(17, 11)
cell.value = '地域平均'

cell = ws.cell(17, 12)
cell.value = f'=AVERAGE({tmpWs.title}!B2:B{tmpWs.max_row})'
cell.number_format = '0.00'

wb.save(trgfile)
wb.close()
```

■図4-27：サマリーシートの作成関数

```python
入力 [21]: def make_summary_sheet(trg_id, storename, trgfile):
               target_cancel_rank = check_store_cancel_rank(trg_id)
               target_sales_rank = check_store_sales_rank(trg_id)
               target_delivery_rank = check_store_delivery_rank(trg_id)

               wb = openpyxl.load_workbook(trgfile)
               ws = wb.active
               ws.title = 'サマリーレポート'

               cell = ws.cell(1,1)
               cell.value = f'{storename} サマリーレポート （4月～6月）'
               cell.font = Font(bold=True, color='008080', size=20)

               ## 売上ランキングの表示
               tmpWs = wb['Data_Target_Daily']
               cell = ws.cell(3, 2)
               cell.value = '店舗売上額'
               cell.font = Font(bold=True, color='008080', size=16)

               # セルの結合
               ws.merge_cells('E3:F3')

               cell = ws.cell(3, 5)
               cell.value = f'=SUM({tmpWs.title}!B2:B{tmpWs.max_row})'
               cell.font = Font(bold=True, color='0080FF', size=16)
               cell.number_format = '¥,##0'

               cell = ws.cell(4, 2)
               cell.value = '店舗売上ランク'
               cell.font = Font(bold=True, color='008080', size=16)

               cell = ws.cell(4, 5)
               cell.value = f'{len(m_store)}店舗中　{target_sales_rank} 位'
               cell.font = Font(bold=True, color='0080FF', size=16)

               # グラフ用の参照データを指定
               refy = Reference(tmpWs, min_col=2, min_row=2, max_col=2, max_row=tmpWs.max_row)

               # グラフシリーズを生成
               series = Series(refy, title='売上額')

               # Chart
               chart = LineChart()
               chart.title = '期間売り上げ額 (日毎)'
               chart.x_axis.title = '件数'
               chart.y_axis.title = '売上額'
               chart.height = 10
               chart.width = 15
               chart.series.append(series)
```

141

第1部 データ分析システム
第4章 レポーティングする仕組みを構築する10本ノック

```
# 生成したChartオブジェクトをシートの指定位置に追加
ws.add_chart(chart, 'B6')

# 地域情報
tmp_ws = wb['Data_AreaRank']

cell = ws.cell(4, 10)
cell.value = '地域店舗売上情報'
cell.font = Font(bold=True, color='008080', size=16)

cell = ws.cell(5, 11)
cell.value = '最高額'

cell = ws.cell(5, 12)
cell.value = f'=MAX({tmp_ws.title}!B2:B{tmp_ws.max_row})'
cell.number_format = '#,##0'

cell = ws.cell(6, 11)
cell.value = '最低額'

cell = ws.cell(6, 12)
cell.value = f'=MIN({tmp_ws.title}!B2:B{tmp_ws.max_row})'
cell.number_format = '#,##0'

cell = ws.cell(7, 11)
cell.value = '地域平均'

cell = ws.cell(7, 12)
cell.value = f'=AVERAGE({tmp_ws.title}!B2:B{tmp_ws.max_row})'
cell.number_format = '#,##0'

## キャンセル率の表示
cell = ws.cell(11, 10)
cell.value = 'キャンセルランク'
cell.font = Font(bold=True, color='008080', size=16)

cell = ws.cell(12, 11)
cell.value = f'{len(m_store)}店舗中 {target_cancel_rank} 位'
cell.font = Font(bold=True, color='0080FF', size=16)

tmp_ws = wb['Data_CancelRank']

cell = ws.cell(13, 11)
cell.value = '地域平均'

cell = ws.cell(13, 12)
cell.value = f'=AVERAGE({tmp_ws.title}!C2:C{tmp_ws.max_row})'
cell.number_format = '0.00'

## 配達時間ランキングの表示
cell = ws.cell(15, 10)
cell.value = '配達時間ランク'
cell.font = Font(bold=True, color='008080', size=16)

cell = ws.cell(16, 11)
cell.value = f'{len(m_store)}店舗中 {target_delivery_rank} 位'
cell.font = Font(bold=True, color='0080FF', size=16)

tmp_ws = wb['Data_DeliveryRank']

cell = ws.cell(17, 11)
cell.value = '地域平均'

cell = ws.cell(17, 12)
cell.value = f'=AVERAGE({tmp_ws.title}!B2:B{tmp_ws.max_row})'
cell.number_format = '0.00'

wb.save(trgfile)
wb.close()
```

　この処理はこれまでのノックの応用となりますので、行数は多いですが、1つ
ひとつはすでに行ってきた処理となっています。

```
make_summary_sheet(store_id, store_name, filename_store)
```

■ 図4-28：サマリーシート作成関数の実行

```
入力 [22]: make_summary_sheet(store_id, store_name, filename_store)
```

この処理でサマリーシート作成関数が実行され、データシートしかなかったエクセルファイルにサマリーシートが付与されました。

まだまだサマリーシートとしては作り込む余地がありますが、これ以上作り込むとソース行数が大変なことになってしまうのと、本書は仕組化を主題としておりますので、簡易的なもので留めさせて頂きます。
皆様は是非思う存分サマリーシートを拡充してみて下さい。

また、普段の業務でもエクセルを活用するシーンは多いと思います。この辺りの技術は比較的すぐに実践できるかと思いますので、日頃の面倒なエクセル業務をプログラム化してみるのも面白いかと思います。

⚾ ノック40：店舗別にレポートをExcel出力してみよう

さて、本章最後のノックとなりました。
これまで、テスト用の1店舗で処理を記述、確認してまいりましたが、本来は全ての店舗に対してレポーティングを行うのが目的ですので、全ての店舗のレポーティングを店舗毎に出力していきましょう。

その際、ファイルが店舗数分作成されてしまいますので、「output」というフォルダを生成し、その中に店舗毎のファイルを出力するようにしています。

この処理は、全店舗分処理を行いますので、全て処理が終わるまでに時間が掛かります。
場合によっては、ある程度の店舗が出力された時点で処理を中断するなどして効率的に進めて頂ければと思います。

```
os.makedirs('output',exist_ok=True)

for store in m_store['store_id'].tolist():
    if store != 999:
```

```
        store_df = order_all.loc[order_all['store_id']==store]
        store_name = m_store.loc[m_store['store_id']==store]['store_name']
        print(store_name)

        tmp_file_name = make_data_sheet(store, store_df, 'output')
        make_summary_sheet(store, store_name.values[0], tmp_file_name)

print('出力完了しました。')
```

■図4-29:店舗ループによる全店舗のレポート出力

　今回は主にPythonでエクセルを操作し、レポーティングを作成する処理を行ってきました。実際の現場でエクセルは多岐にわたり使われています。皆様の業務でもエクセルがないということはほぼないのではないでしょうか。
　本章で使ったテクニックで、是非身の回りのエクセル業務を自動化やツール化して、業務改善をしてみて下さい。

　次章では、このレポーティングやダッシュボード等をより仕組みとして仕上げていきます。

第5章
分析システムを構築する
10本ノック

　これまでに、自分自身で行う基礎分析に始まり、多角的な分析が可能となるダッシュボードの作成を行うことで、現場とのコミュニケーションを通じて、問題の原因となる部分の狙いを定めました。続いて前章では、その問題を改善するために施策の実施に向けたレポーティングを行いました。重要な点なので繰り返し述べますが、分析の目的は、あくまでも施策を実施し改善を行うことです。実施した施策が適切だったのか、毎月やることでどう変化していくのかを継続的に検証し続けることが非常に重要です。

　そこで、本章では、継続的に回していくための仕組みを構築していきます。データは常に更新されていくものです。その際に、間違ったデータを提供しないようにフォルダ構成も含めて整理をしつつ、毎月のデータ更新が円滑に進むように小規模な仕組みを構築していきましょう。また、データ更新のタイミングで、先月との比較を行い、改善が見られたのかの検証も同時に行いましょう。

ノック41：基本的なフォルダを生成しよう
ノック42：入力データのチェック機構を作ろう
ノック43：レポーティング（本部向け）を関数化してみよう
ノック44：レポーティング（店舗向け）を関数化してみよう
ノック45：関数を実行し動作を確認してみよう
ノック46：更新に対応できる出力フォルダを作成しよう
ノック47：都道府県別で出力できるように出力フォルダを拡張して
　　　　　データを出力しよう
ノック48：前月のデータを動的に読み込もう
ノック49：実行して過去データとの比較してみよう
ノック50：画面から実行できるようにしよう

第1部 データ分析システム
第5章 分析システムを構築する10本ノック

 あなたの状況

あなたは、6月までのデータをもとにレポーティング施策を実施しました。その後、7月のデータが更新され、再度、レポーティングを実施しようと思っていますが、今後のことも考えて、データの更新に間違いが起きないようにしたいと考えています。またそれと同時に、6月までのデータで行った施策は有効だったのかを見てみたいと思っているでしょう。そこで、データが更新され、前月との比較ができる仕組みを実現できる小規模なシステムを作ってみましょう。

前提条件

これまで扱ってきたデータに加えて、7月分の注文データが追加されました。これまでと同様に月単位で更新されるため、tbl_order_202007.csvとして受領しています。

■表5-1：データ一覧

No.	ファイル名	概要
1	m_area.csv	地域マスタ。都道府県情報等。
2	m_store.csv	店舗マスタ。店舗名等。
3-1	tbl_order_202004.csv	注文データ。4月分。
3-2	tbl_order_202005.csv	注文データ。5月分。
3-3	tbl_order_202006.csv	注文データ。6月分。
3-4	tbl_order_202007.csv	注文データ。7月分。

 ## ノック41：
基本的なフォルダを生成しよう

では、データ更新を想定した小規模システムを作っていきましょう。早速、プログラムを書きたいところなのですが、焦る気持ちを抑えて、まずはフォルダ構造を考えてみましょう。

ここまでやってきたので想像がつくかと思いますが、まずは、大きく分けると、

プログラムを記述したソース（.ipynbファイル）と、csv等のデータファイルの2つが存在します。また、データを扱うプロジェクト全般的に共通して言えることは、インプットデータと何かしらの処理を行った後のファイルを出力するアウトプットデータが存在することです。本書のケースでは、インプットデータにtbl_order_202004.csv等の注文データが入る想定です。では、m_area.csv、m_store.csvはどこに配置するのが良いでしょうか。それは、マスタデータフォルダを作成し、配置するのが良いです。インプットデータとマスタデータを分ける明確な基準はありませんが、一番大きいのは更新の頻度です。本ケースのように毎月更新したいデータ類はインプットデータですが、地域マスタのように、拠点統合等の何かしらの変化が起きた際にのみ変更を加えるデータはフォルダを分けるのが鉄則です。そうしておくことで、更新の際に、対象となるデータのみに注力できます。

構造を整理すると、基本の**フォルダ構成**は**図5-1**となります。プログラムソースは、ソースフォルダを作成して配置することが多いのですが、今回はファイルが1つなので作成していません。また、dataフォルダの中に「0_」のように番号を付与しています。番号を付けておけば、名前で並び替えたとき常に、インプットフォルダが一番上に来るため、見やすくなり、間違いが起きにくいです。

■**図5-1：フォルダ構造**

それでは、いよいよフォルダを作成していきましょう。手作業でフォルダを作成しても良いのですが、プログラムでフォルダ作成を行ってみましょう。プログラムによる**フォルダ操作**は実践的に良く使うことになります。まずは、data、0_input、10_output、99_masterのフォルダまでのパスを定義しましょう。また、念のため、0_inputが正しく定義できているか表示して確認してみましょう。

147

第1部 データ分析システム
第5章 分析システムを構築する10本ノック

```
import os
data_dir = "data"
input_dir = os.path.join(data_dir, "0_input")
output_dir = os.path.join(data_dir, "10_output")
master_dir = os.path.join(data_dir, "99_master")
print(input_dir)
```

　今回は、標準モジュールであるosを使います。まずは、data_dirでdataフォルダを定義した後に、os.path.joinを使用して、0_input、10_output、99_masterをそれぞれ定義しています。最後にinput_dirを表示し、0_inputのパスが正しいことを確認しています。

■図5-2：フォルダパスの定義

```
In [1]:  import os
         data_dir = "data"
         input_dir = os.path.join(data_dir, "0_input")
         output_dir = os.path.join(data_dir, "10_output")
         master_dir = os.path.join(data_dir, "99_master")
         print(input_dir)

         data¥0_input
```

　これでフォルダのパスが定義できました。
　続いて、フォルダを作成していきましょう。

　フォルダの作成は、os.mkdir()もしくはos.makedirs()のどちらでもできます。違いは、os.makedirs()の場合、再帰的に中間のフォルダを自動で生成してくれます。今回の場合でいうと、os.mkdir(input_dir)の場合、dataフォルダがないとエラーとなってしまいますが、os.makedirs(input_dir)の場合は、中間フォルダであるdataフォルダを生成してくれます。今回は、os.makedirs()を使用してみましょう。また、引数でexist_ok=Trueを指定することで、もしフォルダが既にある場合は作成されません。ここを指定しないと、フォルダが既に存在している場合にエラーが起きるので注意しましょう。

```
os.makedirs(input_dir,exist_ok=True)
os.makedirs(output_dir,exist_ok=True)
os.makedirs(master_dir,exist_ok=True)
```

図5-3：フォルダの生成

```
os.makedirs(input_dir,exist_ok=True)
os.makedirs(output_dir,exist_ok=True)
os.makedirs(master_dir,exist_ok=True)
```

これでフォルダが生成されました。フォルダが思い通りにできているか確認しましょう。

図5-4：フォルダ生成の結果

次に、データの読み込みを行っていきます。

ノック42： 入力データのチェック機構を作ろう

まずは、手動でデータを入れていきましょう。0_inputに、tbl_order系の注文データを格納して下さい。そして99_masterフォルダに、m_store等のマスタ系のファイルを格納して下さい。

今回、メインとなるデータは、0_inputフォルダに格納されています。ここは更新が行われ、常に読み込みデータが変わっていく部分なので後にしましょう。まずは、マスタデータの読み込みです。ファイル名が変わっても迷わずに変えられるように、ファイル名を定義して読み込みを行います。

```
import pandas as pd
m_area_file = "m_area.csv"
m_store_file = "m_store.csv"
m_area = pd.read_csv(os.path.join(master_dir, m_area_file))
m_store = pd.read_csv(os.path.join(master_dir, m_store_file))
m_area.head(3)
```

第1部 データ分析システム
第5章 分析システムを構築する10本ノック

■図5-5：マスタデータの読み込み

```
ノック42：入力データのチェック機構を作ろう

[4]: import pandas as pd
     m_area_file = "m_area.csv"
     m_store_file = "m_store.csv"
     m_area = pd.read_csv(os.path.join(master_dir, m_area_file))
     m_store = pd.read_csv(os.path.join(master_dir, m_store_file))
     m_area.head(3)

[4]:    area_cd   wide_area   narrow_area
     0     TK        東京          東京
     1     KN       神奈川        神奈川
     2     CH        千葉          千葉
```

　上部でファイル名を定義し、pandasのread_csvで読み込みを行っています。最後に、m_areaを表示していますが、このように間違いがないかの確認はこまめに入れるようにしましょう。

　次は、メインとなる注文データの読み込みです。ここは毎月データが変わっていくところなので注意が必要です。今回は、毎月更新が行われるので、対象とする年月が変わっていきます。直接ファイル名を指定せずに、変数を対象年月としてファイルを定義しましょう。今回は2020年7月のデータが対象データとなります。

```
tg_ym = "202007"

target_file = "tbl_order_" + tg_ym + ".csv"

target_data = pd.read_csv(os.path.join(input_dir, target_file))
```

　tg_ymで202007、つまり2020年7月を指定することで、読み込みを行います。なるべく混乱を避けるために、ファイル名ではなく、年月を指定するようにする等の工夫を行いましょう。もし、毎月特定営業日にデータ更新を行うなどが決まっている場合は、datetime等で現在の年月を取得するのも良いでしょう。

　もしデータがない場合やファイル名が違った場合は、FileNotFoundError等が起き、プログラムがストップするので、間違いを確認することができます。
　一番、問題となるのは、エラーも起きずに自分が気付かないうちに意図しない処理が行われてしまい、間違ったレポートを配ってしまうことです。データの間違いは信頼性を大きく失うことになるので注意しましょう。
　そのため、毎月変化していくデータは、必ずチェック機構を取り入れましょう。

150

ノック42：入力データのチェック機構を作ろう

チェック機構の一番の基本は、データの中身を出力することです。ただし、この場合、プログラム自体はストップしないので、人間が見て判断することになります。忙しいと見落とす場合もあるので、できるだけ、エラーを意図的に発生させて、プログラムをストップできる機構を入れるのが望ましいです。

今回は、order_accept_date列の最小値と最大値がともに、指定した年月202007と一致しない場合にエラーを出力させましょう。

```
import datetime
max_date = pd.to_datetime(target_data["order_accept_date"]).max()
min_date = pd.to_datetime(target_data["order_accept_date"]).min()
max_str_date = max_date.strftime("%Y%m")
min_str_date = min_date.strftime("%Y%m")
if tg_ym == min_str_date and tg_ym == max_str_date:
    print("日付が一致しました")
else:
    raise Exception("日付が一致しません")
```

二行目、三行目のmax()、min()で、データ中にある日付の最小値、最大値を取得しています。その後、strftimeを使って、文字列型の年月を取得しています。もし、分からない場合は、print等を使って表示させてみると良いでしょう。

これで、データの中身と更新したい日付が違う場合にエラーで止まってくれます。csvやエクセルなどのようなデータは簡単にファイル名を変えることができてしまうので、このような機構を入れておくことで間違いに気付けるでしょう。

順番通りに進めてきた方は、**図5-6**のように、「日付が一致しました」の文章が出力されます。

■ 図5-6：データチェック機構（正常動作時）

```
入力 [6]: import datetime
         max_date = pd.to_datetime(target_data["order_accept_date"]).max()
         min_date = pd.to_datetime(target_data["order_accept_date"]).min()
         max_str_date = max_date.strftime("%Y%m")
         min_str_date = min_date.strftime("%Y%m")
         if tg_ym == min_str_date and tg_ym == max_str_date:
             print("日付が一致しました")
         else:
             raise Exception("日付が一致しません")

         日付が一致しました
```

151

第1部 データ分析システム
第5章 分析システムを構築する10本ノック

では、エラーがしっかりと動作するかはどのように確認すれば良いでしょうか。この場合は、ファイル名を作為的に変更して、動作してみるのが良いでしょう。

例えば、tbl_order_202006.csvを手動でtbl_order_202007.csvに変更して実行してみて下さい。その際に、もともとあった正しいデータ、tbl_order_202007.csvを一時的にtbl_order_202007_tmp.csv等に変更するのを忘れないで下さい。実行すると、**図5-7**のようにエラーが発生しているのが確認できます。これは、tg_ymとして、202007を指定したにも関わらず、2020年6月のデータが入っているからです。

■**図5-7：データチェック機構（エラー動作時）**

```
入力 [5]: import datetime
         max_date = pd.to_datetime(target_data["order_accept_date"]).max()
         min_date = pd.to_datetime(target_data["order_accept_date"]).min()
         max_str_date = max_date.strftime("%Y%m")
         min_str_date = min_date.strftime("%Y%m")
         if tg_ym == min_str_date and tg_ym == max_str_date:
             print("日付が一致しました")
         else:
             raise Exception("日付が一致しません")
---------------------------------------------------------------------------
Exception                                 Traceback (most recent call last)
<ipython-input-5-d6a3dbeeb834> in <module>
      7     print("日付が一致しました")
      8 else:
----> 9     raise Exception("日付が一致しません")

Exception: 日付が一致しません
```

今回は、ファイル名とデータの中身の日付の違いをチェックする機構としましたが、この部分は取り組んでいるデータによって違いが出てきます。どういった規則でチェックを行うべきか考えて、チェック機構を構築しましょう。

次にデータの初期化を行います。
これまでの章でもstatusやtakeout_flag等マスタ未存在のデータ等を処理してきました。今回は初期化関数を作成し、再利用できるようにしましょう。その際、配達までの時間を計算する処理も初期化処理に含めることにします。

```
def calc_delta(t):
    t1, t2 = t
    delta = t2 - t1
    return delta.total_seconds()/60


def init_tran_df(trg_df):
```

ノック42：入力データのチェック機構を作ろう

```python
# 保守用店舗データの削除
trg_df = trg_df.loc[trg_df['store_id'] != 999]


trg_df = pd.merge(trg_df, m_store, on='store_id', how='left')
trg_df = pd.merge(trg_df, m_area, on='area_cd', how='left')

# マスターにないコードに対応した文字列を設定
trg_df.loc[trg_df['takeout_flag'] == 0, 'takeout_name'] = 'デリバリー
'
trg_df.loc[trg_df['takeout_flag'] == 1, 'takeout_name'] = 'お持ち帰り'

trg_df.loc[trg_df['status'] == 0, 'status_name'] = '受付'
trg_df.loc[trg_df['status'] == 1, 'status_name'] = 'お支払済'
trg_df.loc[trg_df['status'] == 2, 'status_name'] = 'お渡し済'
trg_df.loc[trg_df['status'] == 9, 'status_name'] = 'キャンセル'

trg_df.loc[:,'order_date'] = pd.to_datetime(trg_df['order_accept_dat
e']).dt.date

# 配達までの時間を計算
trg_df.loc[:,'order_accept_datetime'] = pd.to_datetime(trg_df['order_a
ccept_date'])
trg_df.loc[:,'delivered_datetime'] = pd.to_datetime(trg_df['delivered_
date'])
trg_df.loc[:,'delta'] = trg_df[['order_accept_datetime', 'delivered_da
tetime']].apply(calc_delta, axis=1)

return trg_df

# 当月分を初期化
target_data = init_tran_df(target_data)
```

153

第1部 データ分析システム
第5章 分析システムを構築する10本ノック

■図5-8：データフレームの各種初期化処理

```
In [6]: def calc_delta(t):
            t1, t2 = t
            delta = t2 - t1
            return delta.total_seconds()/60

        def init_tran_df(trg_df):
            # 保守用店舗データの削除
            trg_df = trg_df.loc[trg_df['store_id'] != 999]

            trg_df = pd.merge(trg_df, m_store, on='store_id', how='left')
            trg_df = pd.merge(trg_df, m_area, on='area_cd', how='left')

            # マスターにないコードに対応した文字列を設定
            trg_df.loc[trg_df['takeout_flag'] == 0, 'takeout_name'] = 'デリバリー'
            trg_df.loc[trg_df['takeout_flag'] == 1, 'takeout_name'] = 'お持ち帰り'

            trg_df.loc[trg_df['status'] == 0, 'status_name'] = '受付'
            trg_df.loc[trg_df['status'] == 1, 'status_name'] = 'お支払済'
            trg_df.loc[trg_df['status'] == 2, 'status_name'] = 'お渡し済'
            trg_df.loc[trg_df['status'] == 9, 'status_name'] = 'キャンセル'

            trg_df.loc[:,'order_date'] = pd.to_datetime(trg_df['order_accept_date']).dt.date

            # 配達までの時間を計算
            trg_df.loc[:,'order_accept_datetime'] = pd.to_datetime(trg_df['order_accept_date'])
            trg_df.loc[:,'delivered_datetime'] = pd.to_datetime(trg_df['delivered_date'])
            trg_df.loc[:,'delta'] = trg_df[['order_accept_datetime', 'delivered_datetime']].apply(calc_delta, axis=1)

            return trg_df

        # 当月分を初期化
        target_data = init_tran_df(target_data)
```

　calc_delta関数は前の章でも出てきたように、時刻の計算関数です。init_
tran_df関数でこれまでの初期化を纏めて実行しています。今後、注文データを
読み込んだ際は、この関数を呼ぶだけで、初期化漏れ等がなく、安全になります。

　これでデータの読み込みが終了したので、先にレポーティングを実行していき
ましょう。

ノック43：
レポーティング（本部向け）を
関数化してみよう

　レポーティングは、現場である各店舗向けに作るレポートと、本部向けに作る
レポートの2つを作成していきます。まずは、本部向けのレポートを作成するた
めに、第4章のノック37～ノック40を流用して、関数にしてみましょう。す
でに第4章でも関数は使っていましたが、第4章では説明の都合上最初から関数
化できなかったので、改めて整理して関数化してみましょう。

　また、出力機能等は関数として保持しておくことで、可読性が上がり、レポー
トの内容を変更する際にプログラムの変更箇所が一目でわかるようになります。

ノック43：レポーティング（本部向け）を関数化してみよう

　今回はソースコードが増えてしまうので、簡易的なレポートとしますが、第4
章の内容を応用し、各自グラフ等を導入しても良いかと思います。

　それでは、いくつか関数を分けて記載していきます。
　まずは、エクセルのライブラリインポートと店舗売上ランキングの集計関数から。

```
import openpyxl
from openpyxl.utils.dataframe import dataframe_to_rows
from openpyxl.styles import PatternFill, Border, Side, Font

def get_rank_df(target_data):
    # 店舗のデータ作成、ランキングDFの返却
    tmp = target_data.loc[target_data['status'].isin([1, 2])]
    rank = tmp.groupby(['store_id'])['total_amount'].sum().sort_values(ascending=False)
    rank = pd.merge(rank, m_store, on='store_id', how='left')

    return rank
```

■図5-9：エクセルのライブラリインポートと店舗売上ランキングの集計関数

```
In [7]: import openpyxl
        from openpyxl.utils.dataframe import dataframe_to_rows
        from openpyxl.styles import PatternFill, Border, Side, Font

        def get_rank_df(target_data):
            # 店舗のデータ作成、ランキングDFの返却
            tmp = target_data.loc[target_data['status'].isin([1, 2])]
            rank = tmp.groupby(['store_id'])['total_amount'].sum().sort_values(ascending=False)
            rank = pd.merge(rank, m_store, on='store_id', how='left')

            return rank
```

　get_rank_dfはデータフレームを引数に受け、店舗単位の売上集計を実施し、
そのランキングデータを戻すという関数です。
　どんどん作っていきましょう。

```
def get_cancel_rank_df(target_data):
    # キャンセル率の計算、ランキングDFの返却
    cancel_df = pd.DataFrame()
    cancel_cnt = target_data.loc[target_data['status']==9].groupby(['store_id'])['store_id'].count()
```

155

第1部 データ分析システム
第5章 分析システムを構築する10本ノック

```
    order_cnt = target_data.loc[target_data['status'].isin([1, 2, 9])].gro
upby(['store_id'])['store_id'].count()
    cancel_rate = (cancel_cnt / order_cnt) * 100
    cancel_df['cancel_rate'] = cancel_rate
    cancel_df = pd.merge(cancel_df, m_store, on='store_id', how='left')
    cancel_df = cancel_df.sort_values('cancel_rate', ascending=True)

    return cancel_df
```

■図5-10：キャンセル率のランキング集計関数

```
In [8]:  def get_cancel_rank_df(target_data):
             # キャンセル率の計算、ランキングDFの返却
             cancel_df = pd.DataFrame()
             cancel_cnt = target_data.loc[target_data['status']==9].groupby(['store_id'])['store_id'].count()
             order_cnt = target_data.loc[target_data['status'].isin([1, 2, 9])].groupby(['store_id'])['store_id'].count()
             cancel_rate = (cancel_cnt / order_cnt) * 100
             cancel_df['cancel_rate'] = cancel_rate
             cancel_df = pd.merge(cancel_df, m_store, on='store_id', how='left')
             cancel_df = cancel_df.sort_values('cancel_rate', ascending=True)

             return cancel_df
```

　こちらも同様に、キャンセル率を集計し、ランキングにした結果を返却する処理です。処理の中身については、これまでのノックで何回か同じような処理を行っているので、詳細は割愛します。不明な点があれば、前章などのノックを見返してみて下さい。

```
def data_export(df, ws, row_start, col_start):
    # スタイル定義
    side = Side(style='thin', color='008080')
    border = Border(top=side, bottom=side, left=side, right=side)

    rows = dataframe_to_rows(df, index=False, header=True)

    for row_no, row in enumerate(rows, row_start):
        for col_no, value in enumerate(row, col_start):
            cell = ws.cell(row_no, col_no)
            cell.value = value
            cell.border = border
            if row_no == row_start:
```

ノック43：レポーティング（本部向け）を関数化してみよう

```
                cell.fill = PatternFill(patternType='solid', fgColo
r='008080')
                cell.font = Font(bold=True, color='FFFFFF')
```

■図5-11：データの出力処理

```
In [9]: def data_export(df, ws, row_start, col_start):
            # スタイル定義
            side = Side(style='thin', color='008080')
            border = Border(top=side, bottom=side, left=side, right=side)

            rows = dataframe_to_rows(df, index=False, header=True)

            for row_no, row in enumerate(rows, row_start):
                for col_no, value in enumerate(row, col_start):
                    cell = ws.cell(row_no, col_no)
                    cell.value = value
                    cell.border = border
                    if row_no == row_start:
                        cell.fill = PatternFill(patternType='solid', fgColor='008080')
                        cell.font = Font(bold=True, color='FFFFFF')
```

　この処理は、データフレームのデータを指定された行、列に張り付ける関数です。前章でも似たようなことを行いましたが、今回はデータシートに分けるのではなく、直接指定したエリアに出力する形になっています。

```
# 本部向けレポーティングデータ処理
def make_report_hq(target_data, output_folder):
    rank = get_rank_df(target_data)
    cancel_rank = get_cancel_rank_df(target_data)

    # Excel出力処理
    wb = openpyxl.Workbook()
    ws = wb.active
    ws.title = 'サマリーレポート(本部向け)'

    cell = ws.cell(1,1)
    cell.value = f'本部向け {max_str_date}月度 サマリーレポート'
    cell.font = Font(bold=True, color='008080', size=20)

    cell = ws.cell(3,2)
    cell.value = f'{max_str_date}月度 売上総額'
    cell.font = Font(bold=True, color='008080', size=20)
```

157

第1部 データ分析システム
第5章 分析システムを構築する10本ノック

```python
cell = ws.cell(3,6)
cell.value = f"{'{:,}'.format(rank['total_amount'].sum())}"
cell.font = Font(bold=True, color='008080', size=20)

# 売上ランキングを直接出力
cell = ws.cell(5,2)
cell.value = f'売上ランキング'
cell.font = Font(bold=True, color='008080', size=16)

# 表の貼り付け
data_export(rank, ws, 6, 2)

# キャンセル率ランキングを直接出力
cell = ws.cell(5,8)
cell.value = f'キャンセル率ランキング'
cell.font = Font(bold=True, color='008080', size=16)

# 表の貼り付け位置
data_export(cancel_rank, ws, 6, 8)


wb.save(os.path.join(output_folder, f'report_hq_{max_str_date}.xlsx'))
wb.close()
```

158

■図5-12：本部向けレポーティング出力関数

　本部向けのデータを揃えたレポーティングです。この辺りもほぼ応用や組み合わせとなっていますので、特に問題はないかと思います。以前より、関数をしっかり作っているので、シンプルな作りになっているのがわかるかと思います。
　関数化(構造化)は、可読性やメンテナンス性も向上するので、なるべく意識して関数を作るように心掛けて下さい。ただし、処理を細かくし過ぎないように気を付けて下さい。

ノック44：
レポーティング(店舗向け)を
関数化してみよう

次に、店舗向けレポートを関数化してみましょう。
本部向けと同じように、いくつかの関数に分けて整理していきます。

```
def get_store_rank(target_id, target_df):
    rank = get_rank_df(target_df)
```

第1部 データ分析システム
第5章 分析システムを構築する10本ノック

```python
    store_rank = rank.loc[rank['store_id']==target_id].index + 1

    return store_rank[0]

def get_store_sale(target_id, target_df):
    rank = get_rank_df(target_df)
    store_sale = rank.loc[rank['store_id']==target_id]['total_amount']

    return store_sale
```

■図5-13：店舗の売上ランキングと店舗の売上集計関数

```
In [11]: def get_store_rank(target_id, target_df):
             rank = get_rank_df(target_df)
             store_rank = rank.loc[rank['store_id']==target_id].index + 1

             return store_rank[0]

         def get_store_sale(target_id, target_df):
             rank = get_rank_df(target_df)
             store_sale = rank.loc[rank['store_id']==target_id]['total_amount']

             return store_sale
```

　こちらの処理は、店舗単位で集計しています。
　先の本部用の時に作った関数を呼ぶことで、全体を取得し、その後に店舗IDで
データを抽出しています。
　このように、関数を分けておくと、再利用が可能となり、同じような処理がと
ころどころにある状態より、効率も良くなり、不具合発生率も低くなります。

```python
def get_store_cancel_rank(target_id, target_df):
    cancel_df = get_cancel_rank_df(target_df)
    cancel_df = cancel_df.reset_index()
    store_cancel_rank = cancel_df.loc[cancel_df['store_id']==target_id].in
dex + 1

    return store_cancel_rank[0]


def get_store_cancel_count(target_id, target_df):
    store_cancel_count = target_df.loc[(target_df['status']==9) & (target_
df['store_id']==target_id)].groupby(['store_id'])['store_id'].count()
    return store_cancel_count
```

160

ノック44：レポーティング(店舗向け)を関数化してみよう

■図5-14：店舗単位のキャンセル率ランク、キャンセル数の集計関数

```
In [12]: def get_store_cancel_rank(target_id, target_df):
             cancel_df = get_cancel_rank_df(target_df)
             cancel_df = cancel_df.reset_index()
             store_cancel_rank = cancel_df.loc[cancel_df['store_id']==target_id].index + 1

             return store_cancel_rank[0]

         def get_store_cancel_count(target_id, target_df):
             store_cancel_count = target_df.loc[(target_df['status']==9) & (target_df['store_id']==target_id)].groupby(['store_id'])['store_id'].count(
             return store_cancel_count
```

どんどんいきましょう。

```
def get_delivery_rank_df(target_id, target_df):
    delivery = target_df.loc[target_df['status'] == 2]
    delivery_rank = delivery.groupby(['store_id'])['delta'].mean().sort_va
lues()
    delivery_rank = pd.merge(delivery_rank, m_store, on='store_id', how='l
eft')

    return delivery_rank

def get_delivery_rank_store(target_id, target_df):
    delivery_rank = get_delivery_rank_df(target_id, target_df)
    store_delivery_rank =  delivery_rank.loc[delivery_rank['store_id']==ta
rget_id].index + 1

    return store_delivery_rank[0]
```

■図5-15：店舗毎の配達までの時間ランキングと集計関数

```
In [13]: def get_delivery_rank_df(target_id, target_df):
             delivery = target_df.loc[target_df['status'] == 2]
             delivery_rank = delivery.groupby(['store_id'])['delta'].mean().sort_values()
             delivery_rank = pd.merge(delivery_rank, m_store, on='store_id', how='left')

             return delivery_rank

         def get_delivery_rank_store(target_id, target_df):
             delivery_rank = get_delivery_rank_df(target_id, target_df)
             store_delivery_rank =  delivery_rank.loc[delivery_rank['store_id']==target_id].index + 1

             return store_delivery_rank[0]
```

さて、次は、個別店舗向けのレポーティング出力処理です。

本部向けレポートの処理と構成はほぼ同じです。出力するデータが増えた分、処理が長くなっていますが、同じことの繰り返しなので、ここまでノックをこなし

161

第1部 データ分析システム
第5章 分析システムを構築する10本ノック

てきた方なら簡単に読み解いていけるでしょう。

```python
# 店舗向けレポーティングデータ処理
def make_report_store(target_data, target_id, output_folder):
    rank = get_store_rank(target_id, target_data)

    sale = get_store_sale(target_id, target_data)

    cancel_rank = get_store_cancel_rank(target_id, target_data)

    cancel_count = get_store_cancel_count(target_id, target_data)

    delivery_df = get_delivery_rank_df(target_id, target_data)

    delivery_rank = get_delivery_rank_store(target_id, target_data)


    store_name = m_store.loc[m_store['store_id'] == target_id]['store_name'].values[0]


    # Excel出力処理
    wb = openpyxl.Workbook()
    ws = wb.active
    ws.title = '店舗向けレポーティング'


    cell = ws.cell(1,1)
    cell.value = f'{store_name} {max_str_date}月度 サマリーレポート'
    cell.font = Font(bold=True, color='008080', size=20)


    cell = ws.cell(3,2)
    cell.value = f'{max_str_date}月度 売上総額'
    cell.font = Font(bold=True, color='008080', size=20)


    cell = ws.cell(3,6)
    cell.value = f"{'{:,}'.format(sale.values[0])}"
    cell.font = Font(bold=True, color='008080', size=20)

    # 売上ランキングを直接出力
    cell = ws.cell(5,2)
    cell.value = f'売上ランキング'
    cell.font = Font(bold=True, color='008080', size=16)
```

162

ノック44：レポーティング(店舗向け)を関数化してみよう

```python
    cell = ws.cell(5,5)
    cell.value = f'{rank}位'
    cell.font = Font(bold=True, color='008080', size=16)


    cell = ws.cell(6,2)
    cell.value = f'売上データ'
    cell.font = Font(bold=True, color='008080', size=16)


    # 表の貼り付け
    tmp_df = target_data.loc[(target_data['store_id']==target_id) & (targe
t_data['status'].isin([1, 2]))]
    tmp_df = tmp_df[['order_accept_date','customer_id','total_amount','tak
eout_name','status_name']]
    data_export(tmp_df, ws, 7, 2)


    # キャンセル率ランキングを直接出力
    cell = ws.cell(5,8)
    cell.value = f'キャンセル率ランキング'
    cell.font = Font(bold=True, color='008080', size=16)


    cell = ws.cell(5,12)
    cell.value = f'{cancel_rank}位 {cancel_count.values[0]}回'
    cell.font = Font(bold=True, color='008080', size=16)


    cell = ws.cell(6,8)
    cell.value = f'キャンセルデータ'
    cell.font = Font(bold=True, color='008080', size=16)


    # 表の貼り付け
    tmp_df = target_data.loc[(target_data['store_id']==target_id) & (targe
t_data['status']==9)]
    tmp_df = tmp_df[['order_accept_date','customer_id','total_amount','tak
eout_name','status_name']]
    data_export(tmp_df, ws, 7, 8)
```

163

第1部 データ分析システム
第5章 分析システムを構築する10本ノック

```python
# 配達完了までの時間を直接出力
ave_time = delivery_df.loc[delivery_df['store_id']==target_id]['delt
a'].values[0]
cell = ws.cell(5,14)
cell.value = f'配達完了までの時間ランキング'
cell.font = Font(bold=True, color='008080', size=16)


cell = ws.cell(5,18)
cell.value = f'{delivery_rank}位 平均{ave_time}分'
cell.font = Font(bold=True, color='008080', size=16)


cell = ws.cell(6,14)
cell.value = f'各店舗の配達時間ランク'
cell.font = Font(bold=True, color='008080', size=16)

# 表の貼り付け
data_export(delivery_df, ws, 7, 14)


wb.save(os.path.join(output_folder, f'{target_id}_{store_name}_report_
{max_str_date}.xlsx'))
wb.close()
```

ノック44：レポーティング（店舗向け）を関数化してみよう

■図5-16：店舗個別のレポーティング出力関数

```
In [14]: # 店舗向けレポーティングデータ処理
         def make_report_store(target_data, target_id, output_folder):
             rank = get_store_rank(target_id, target_data)
             sale = get_store_sale(target_id, target_data)
             cancel_rank = get_store_cancel_rank(target_id, target_data)
             cancel_count = get_store_cancel_count(target_id, target_data)
             delivery_df = get_delivery_rank_df(target_id, target_data)
             delivery_rank = get_delivery_rank_store(target_id, target_data)

             store_name = m_store.loc[m_store['store_id'] == target_id]['store_name'].values[0]

             # Excel出力処理
             wb = openpyxl.Workbook()
             ws = wb.active
             ws.title = '店舗向けレポーティング'

             cell = ws.cell(1,1)
             cell.value = f'{store_name} {max_str_date}月度 サマリーレポート'
             cell.font = Font(bold=True, color='008080', size=20)

             cell = ws.cell(3,2)
             cell.value = f'{max_str_date}月度 売上総額'
             cell.font = Font(bold=True, color='008080', size=20)

             cell = ws.cell(3,6)
             cell.value = f"{'{:,}'.format(sale.values[0])}"
             cell.font = Font(bold=True, color='008080', size=20)

             # 売上ランキングを直接出力
             cell = ws.cell(5,2)
             cell.value = f'売上ランキング'
             cell.font = Font(bold=True, color='008080', size=16)

             cell = ws.cell(5,5)
             cell.value = f'{rank}位'
             cell.font = Font(bold=True, color='008080', size=16)

             cell = ws.cell(6,2)
             cell.value = f'売上データ'
             cell.font = Font(bold=True, color='008080', size=16)

             # 表の貼り付け
             tmp_df = target_data.loc[(target_data['store_id']==target_id) & (target_data['status'].isin([1, 2]))]
             tmp_df = tmp_df[['order_accept_date','customer_id','total_amount','takeout_name','status_name']]
             data_export(tmp_df, ws, 7, 2)

             # キャンセル率ランキングを直接出力
             cell = ws.cell(5,8)
             cell.value = f'キャンセル率ランキング'
             cell.font = Font(bold=True, color='008080', size=16)

             cell = ws.cell(5,12)
             cell.value = f'{cancel_rank}位 {cancel_count.values[0]}回'
             cell.font = Font(bold=True, color='008080', size=16)

             cell = ws.cell(6,8)
             cell.value = f'キャンセルデータ'
             cell.font = Font(bold=True, color='008080', size=16)

             # 表の貼り付け
             tmp_df = target_data.loc[(target_data['store_id']==target_id) & (target_data['status']==9)]
             tmp_df = tmp_df[['order_accept_date','customer_id','total_amount','takeout_name','status_name']]
             data_export(tmp_df, ws, 7, 8)

             # 配達完了までの配達完了までの時間を直接出力
             ave_time = delivery_df.loc[delivery_df['store_id']==target_id]['delta'].values[0]
             cell = ws.cell(5,14)
             cell.value = f'配達完了までの時間ランキング'
             cell.font = Font(bold=True, color='008080', size=16)

             cell = ws.cell(5,18)
             cell.value = f'{delivery_rank}位 平均{ave_time}分'
             cell.font = Font(bold=True, color='008080', size=16)

             cell = ws.cell(6,14)
             cell.value = f'各店舗の配達時間ランク'
             cell.font = Font(bold=True, color='008080', size=16)

             # 表の貼り付け
             data_export(delivery_df, ws, 7, 14)

             wb.save(os.path.join(output_folder, f'{target_id}_{store_name}_report_{max_str_date}.xlsx'))
             wb.close()
```

165

第1部 データ分析システム
第5章 分析システムを構築する10本ノック

ノック45：
関数を実行し動作を確認してみよう

では、いよいよ、関数を実行してみましょう。

```
# 本部向けレポート
make_report_hq(target_data, output_dir)
```

■図5-17：本部向け関数の実行

```
In [15]:  # 本部向けレポート
          make_report_hq(target_data, output_dir)
```

■図5-18：エクセル出力結果

> 5章 > data > 10_output

名前
report_hq_202007.xlsx

■図5-19：エクセル出力結果

10_outputフォルダの中に「report_hq_202007.xslx」というファイルができます。

166

続いて各店舗のレポートを出力してみましょう。

```
# 各店舗向けレポート（全店舗実施）
for store_id in m_store.loc[m_store['store_id']!=999]['store_id']:
    make_report_store(target_data, store_id, output_dir)
```

図5-20：各店舗向けレポート出力関数

実行すると、同じように、10_outputフォルダの中に大量の店舗用レポートが出力されていきます。さて、この時に、もう1回データを更新して実行したいと思ったら、どうなるでしょうか。そうです、手作業でファイルを消したりする必要が出てきます。

消さない、もしくは消し漏れがあると、何が今回出力したデータなのか、更新日付しか頼りがなくなってしまいます。

これでは、せっかくプログラムで効率良くしようとしているのに、あまり変わりませんよね。

次のノック以降で、その辺りの仕組化も検討していきます。

ノック46：更新に対応できる出力フォルダを作成しよう

次に、出力フォルダの見直しを行います。出力フォルダは10_outputフォルダですが、毎月更新されていくデータをこのフォルダに直接入れるのでは問題が発生しやすいです。最初の内は良いのですが、ファイル数が増えていくと、更新したレポートファイルを探すのに時間がかかったりしてしまいます。

一番シンプルなのは、tg_ymの値をフォルダ名にすることです。そうすることで、月毎にまとまって、わかりやすく配置できます。さらに、もう一点工夫をしましょう。その工夫は、フォルダに更新日を動的に記載することです。これは、

更新するデータに間違いがあった際に、いつ更新したデータなのかを理解しやすくするためです。

現在時刻を取得し、tg_ymと現在時刻をフォルダ名として定義した後に、**ノック41**と同様に、フォルダを出力させましょう。また、後に再利用できるように、関数化しておきます。

```
def make_active_folder(targetYM):
    now = datetime.datetime.now().strftime("%Y%m%d%H%M%S")
    target_output_dir_name = targetYM + "_" + now
    target_output_dir = os.path.join(output_dir, target_output_dir_name)
    os.makedirs(target_output_dir)
    print(target_output_dir_name)
    return target_output_dir
target_output_dir = make_active_folder(tg_ym)
```

現在時刻は、datetime.now()で取得できますが、その際に、時間だからと言って「:」は付けないようにしましょう。フォルダ名に使うことができません。今回は、年月日時分秒をそのまま羅列しています。ここは、後から読めればこれで十分です。年月日と時分秒の間に「_」を入れるのもよく使います。printで出力したフォルダ名が、10_outputフォルダ内にできているのを確認しましょう。

■図5-21：出力フォルダの作成

```
In [17]: def make_active_folder(targetYM):
    now = datetime.datetime.now().strftime("%Y%m%d%H%M%S")
    target_output_dir_name = targetYM + "_" + now
    target_output_dir = os.path.join(output_dir, target_output_dir_name)
    os.makedirs(target_output_dir)
    print(target_output_dir_name)
    return target_output_dir
target_output_dir = make_active_folder(tg_ym)
202007_20201026125500
```

■図5-22：出力フォルダの作成結果

ノック47：都道府県別で出力できるように出力フォルダを拡張してデータを出力しよう

> ⚾ **ノック47：**
> **都道府県別で出力できるように出力フォ**
> **ルダを拡張してデータを出力しよう**

　前ノックで出力フォルダにタイムスタンプ型の動的フォルダを作りましたので、そちらと併せて、各店舗の出力フォルダを変更します。

　早速処理を修正していきます。

```
# 本部向けレポート（出力先変更）
make_report_hq(target_data, target_output_dir)
```

◾️図5-23：新しいフォルダでの本部向けレポート実行

```
In [18]:  # 本部向けレポート（出力先変更）
          make_report_hq(target_data, target_output_dir)
```

　10_outputフォルダの中に動的に生成されたフォルダに本部向けレポートが吐き出されたのが確認できます。
　続いて、個別店舗向けレポートも出力してみましょう。
　ここで、ノックのタイトルにもあるように、「都道府県」毎にフォルダを動的に生成し、その中に格納していくように処理を修正します。

```
# 各店舗向けレポート（全店舗実施）
for store_id in m_store.loc[m_store['store_id']!=999]['store_id']:
    # narrow_areaのフォルダを作成
    area_cd = m_store.loc[m_store['store_id']==store_id]['area_cd']
    area_name = m_area.loc[m_area['area_cd']==area_cd.values[0]]['narrow_a
rea'].values[0]
    target_store_output_dir = os.path.join(target_output_dir, area_name)
    os.makedirs(target_store_output_dir,exist_ok=True)
    make_report_store(target_data, store_id, target_store_output_dir)
```

169

第1部 データ分析システム
第5章 分析システムを構築する10本ノック

■図5-24：都道府県ごとにフォルダ分けしながら店舗レポートを出力する処理

```
In [19]: # 各店舗向けレポート（全店舗実施）
         for store_id in m_store.loc[m_store['store_id']!=999]['store_id']:
             # narrow_areaのフォルダを作成
             area_cd = m_store.loc[m_store['store_id']==store_id]['area_cd']
             area_name = m_area.loc[m_area['area_cd']==area_cd.values[0]]['narrow_area'].values[0]
             target_store_output_dir = os.path.join(target_output_dir, area_name)
             os.makedirs(target_store_output_dir,exist_ok=True)
             make_report_store(target_data, store_id, target_store_output_dir)
```

　前の処理と違う点は、店舗IDからエリア情報にアクセスし、「都道府県（narrow_area）」情報を抽出し、都道府県フォルダを生成してから、その中に店舗レポーティングを出力するという作りになっています。

　実際に、10_outputフォルダ＞動的に生成されたフォルダ＞都道府県フォルダ＞店舗レポートという形で出力されます。

⚾ ノック48：
前月のデータを動的に読み込もう

```python
# 本部向けレポーティングデータ処理（過去月データ対応Ver）
def make_report_hq_r2(target_data_list, output_folder):
    # Excel出力処理
    wb = openpyxl.Workbook()


    file_date = ''


    for tmp in target_data_list:
        df = pd.DataFrame(tmp)


        df_date = pd.to_datetime(df["order_accept_date"]).max()
        trg_date = df_date.strftime("%Y%m")


        if file_date == '':
            # 初回のみファイル名用に年月を保持
            file_date = trg_date


        rank = get_rank_df(df)
        cancel_rank = get_cancel_rank_df(df)
```

ノック48：前月のデータを動的に読み込もう

```python
# ワークシート作成
ws = wb.create_sheet(title=f'{trg_date}月度')


cell = ws.cell(1,1)
cell.value = f'本部向け {trg_date}月度 サマリーレポート'
cell.font = Font(bold=True, color='008080', size=20)


cell = ws.cell(3,2)
cell.value = f'{max_str_date}月度 売上総額'
cell.font = Font(bold=True, color='008080', size=20)


cell = ws.cell(3,6)
cell.value = f"{'{:,}'.format(rank['total_amount'].sum())}"
cell.font = Font(bold=True, color='008080', size=20)


# 売上ランキングを直接出力
cell = ws.cell(5,2)
cell.value = f'売上ランキング'
cell.font = Font(bold=True, color='008080', size=16)


# 表の貼り付け
data_export(rank, ws, 6, 2)


# キャンセル率ランキングを直接出力
cell = ws.cell(5,8)
cell.value = f'キャンセル率ランキング'
cell.font = Font(bold=True, color='000080', size=16)


# 表の貼り付け位置
data_export(cancel_rank, ws, 6, 8)



# デフォルトシートは削除
wb.remove(wb.worksheets[0])
```

171

第1部 データ分析システム
第5章 分析システムを構築する10本ノック

```
# DFループが終わったらブックを保存
wb.save(os.path.join(output_folder, f'report_hq_{file_date}.xlsx'))
wb.close()
```

■図5-25：過去月を同時に出力できるように改修した本部向けレポート出力関数

```
In [20]: # 本部向けレポーティングデータ処理 (過去月データ対応Ver)
         def make_report_hq_r2(target_data_list, output_folder):
             # Excel出力処理
             wb = openpyxl.Workbook()

             file_date = ''

             for tmp in target_data_list:
                 df = pd.DataFrame(tmp)

                 df_date = pd.to_datetime(df["order_accept_date"]).max()
                 trg_date = df_date.strftime("%Y%m")

                 if file_date == '':
                     # 初回のみファイル名用に年月を保持
                     file_date = trg_date

                 rank = get_rank_df(df)
                 cancel_rank = get_cancel_rank_df(df)

                 # ワークシート作成
                 ws = wb.create_sheet(title=f'{trg_date}月度')

                 cell = ws.cell(1,1)
                 cell.value = f'本部向け {trg_date}月度 サマリーレポート'
                 cell.font = Font(bold=True, color='008080', size=20)

                 cell = ws.cell(3,2)
                 cell.value = f'{max_str_date}月度 売上総額'
                 cell.font = Font(bold=True, color='008080', size=20)

                 cell = ws.cell(3,6)
                 cell.value = f"{'{:,}'.format(rank['total_amount'].sum())}"
                 cell.font = Font(bold=True, color='008080', size=20)

                 # 売上ランキングを直接出力
                 cell = ws.cell(5,2)
                 cell.value = f'売上ランキング'
                 cell.font = Font(bold=True, color='008080', size=16)

                 # 表の貼り付け
                 data_export(rank, ws, 6, 2)

                 # キャンセル率ランキングを直接出力
                 cell = ws.cell(5,8)
                 cell.value = f'キャンセル率ランキング'
                 cell.font = Font(bold=True, color='008080', size=16)

                 # 表の貼り付け位置
                 data_export(cancel_rank, ws, 6, 8)

             # デフォルトシートは削除
             wb.remove(wb.worksheets[0])

             # DFループが終わったらブックを保存
             wb.save(os.path.join(output_folder, f'report_hq_{file_date}.xlsx'))
             wb.close()
```

　前に作成した、make_report_hq関数をコピーし、改修していきます。その際、
_r2を関数名に付与することで、別の関数として再定義しています。
　基本構成は変わっていないのですが、第一引数がデータフレームを直接受け取
るのではなく、複数のデータフレームを配列として受け取るように変更されてい
ます。

ノック48：前月のデータを動的に読み込もう

　それに伴い、処理内で渡されたデータフレーム数に応じて、処理がループする形になっています。おおよその変更点は以上です。それ以外のエクセルの操作等の基本的な部分は変更されていません。同様に、店舗毎の処理も改修していきます。

```python
# 店舗向けレポーティングデータ処理（過去月データ対応Ver）
def make_report_store_r2(target_data_list, target_id, output_folder):
    # Excel出力処理
    wb = openpyxl.Workbook()

    file_date = ''

    for tmp in target_data_list:
        df = pd.DataFrame(tmp)

        df_date = pd.to_datetime(df["order_accept_date"]).max()
        trg_date = df_date.strftime("%Y%m")

        if file_date == '':
            # 初回のみファイル名用に年月を保持
            file_date = trg_date

        rank = get_store_rank(target_id, df)
        sale = get_store_sale(target_id, df)
        cancel_rank = get_store_cancel_rank(target_id, df)
        cancel_count = get_store_cancel_count(target_id, df)
        delivery_df = get_delivery_rank_df(target_id, df)
        delivery_rank = get_delivery_rank_store(target_id, df)

        store_name = m_store.loc[m_store['store_id'] == target_id]['store_name'].values[0]

        # ワークシート作成
        ws = wb.create_sheet(title=f'{trg_date}月度')

        # Excel出力処理
        cell = ws.cell(1,1)
```

173

第1部 データ分析システム
第5章 分析システムを構築する10本ノック

```python
        cell.value = f'{store_name} {max_str_date}月度 サマリーレポート'
        cell.font = Font(bold=True, color='008080', size=20)


        cell = ws.cell(3,2)
        cell.value = f'{max_str_date}月度 売上総額'
        cell.font = Font(bold=True, color='008080', size=20)


        cell = ws.cell(3,6)
        cell.value = f"{'{:,}'.format(sale.values[0])}"
        cell.font = Font(bold=True, color='008080', size=20)


        # 売上ランキングを直接出力
        cell = ws.cell(5,2)
        cell.value = f'売上ランキング'
        cell.font = Font(bold=True, color='008080', size=16)


        cell = ws.cell(5,5)
        cell.value = f'{rank}位'
        cell.font = Font(bold=True, color='008080', size=16)


        cell = ws.cell(6,2)
        cell.value = f'売上データ'
        cell.font = Font(bold=True, color='008080', size=16)


        # 表の貼り付け
        tmp_df = df.loc[(df['store_id']==target_id) & (df['status'].isi
n([1, 2]))]
        tmp_df = tmp_df[['order_accept_date','customer_id','total_amount',
'takeout_name','status_name']]
        data_export(tmp_df, ws, 7, 2)


        # キャンセル率ランキングを直接出力
        cell = ws.cell(5,8)
        cell.value = f'キャンセル率ランキング'
        cell.font = Font(bold=True, color='008080', size=16)
```

ノック48：前月のデータを動的に読み込もう

```python
    cell = ws.cell(5,12)
    cell.value = f'{cancel_rank}位 {cancel_count.values[0]}回'
    cell.font = Font(bold=True, color='008080', size=16)


    cell = ws.cell(6,8)
    cell.value = f'キャンセルデータ'
    cell.font = Font(bold=True, color='008080', size=16)


    # 表の貼り付け
    tmp_df = df.loc[(df['store_id']==target_id) & (df['status']==9)]
    tmp_df = tmp_df[['order_accept_date','customer_id','total_amount',
'takeout_name','status_name']]
    data_export(tmp_df, ws, 7, 8)


    # 配達完了までの時間を直接出力
    ave_time = delivery_df.loc[delivery_df['store_id']==target_id]['de
lta'].values[0]
    cell = ws.cell(5,14)
    cell.value = f'配達完了までの時間ランキング'
    cell.font = Font(bold=True, color='008080', size=16)


    cell = ws.cell(5,18)
    cell.value = f'{delivery_rank}位 平均{ave_time}分'
    cell.font = Font(bold=True, color='008080', size=16)


    cell = ws.cell(6,14)
    cell.value = f'各店舗の配達時間ランク'
    cell.font = Font(bold=True, color='008080', size=16)


    # 表の貼り付け
    data_export(delivery_df, ws, 7, 14)

# デフォルトシートは削除
wb.remove(wb.worksheets[0])

# DFループが終わったらブックを保存
```

175

第1部 データ分析システム
第5章 分析システムを構築する10本ノック

```
    wb.save(os.path.join(output_folder, f'{target_id}_{store_name}_report_
{file_date}.xlsx'))
    wb.close()
```

■図5-26：過去月を同時に出力することができるように改修した個別店舗レポート出力関数

```
In [21]: # 店舗向けレポーティングデータ処理（過去月データ対応Ver）
         def make_report_store_r2(target_data_list, target_id, output_folder):
             # Excel出力処理
             wb = openpyxl.Workbook()

             file_date = ''

             for tmp in target_data_list:
                 df = pd.DataFrame(tmp)

                 df_date = pd.to_datetime(df["order_accept_date"]).max()
                 trg_date = df_date.strftime("%Y%m")

                 if file_date == '':
                     # 初回のみファイル名用に年月を保持
                     file_date = trg_date

                 rank = get_store_rank(target_id, df)
                 sale = get_store_sale(target_id, df)
                 cancel_rank = get_store_cancel_rank(target_id, df)
                 cancel_count = get_store_cancel_count(target_id, df)
                 delivery_df = get_delivery_rank_df(target_id, df)
                 delivery_rank = get_delivery_rank_store(target_id, df)

                 store_name = m_store.loc[m_store['store_id'] == target_id]['store_name'].values[0]

                 # ワークシート作成
                 ws = wb.create_sheet(title=f'{trg_date}月度')

                 # Excel出力処理
                 cell = ws.cell(1,1)
                 cell.value = f'{store_name} {max_str_date}月度 サマリーレポート'
                 cell.font = Font(bold=True, color='008080', size=20)

                 cell = ws.cell(3,2)
                 cell.value = f'{max_str_date}月度 売上総額'
                 cell.font = Font(bold=True, color='008080', size=20)

                 cell = ws.cell(3,6)
                 cell.value = f"{'{:,}'.format(sale.values[0])}"
                 cell.font = Font(bold=True, color='008080', size=20)

                 # 売上ランキングを直接出力
                 cell = ws.cell(5,2)
                 cell.value = f'売上ランキング'
                 cell.font = Font(bold=True, color='008080', size=16)

                 cell = ws.cell(5,5)
                 cell.value = f'{rank}位'
                 cell.font = Font(bold=True, color='008080', size=16)

                 cell = ws.cell(8,2)
                 cell.value = f'売上データ'
                 cell.font = Font(bold=True, color='008080', size=16)

                 # 表の貼り付け
                 tmp_df = df.loc[(df['store_id']==target_id) & (df['status'].isin([1, 2]))]
                 tmp_df = tmp_df[['order_accept_date','customer_id','total_amount','takeout_name','status_name']]
                 data_export(tmp_df, ws, 7, 2)

                 # キャンセル率ランキングを直接出力
                 cell = ws.cell(5,8)
                 cell.value = f'キャンセル率ランキング'
                 cell.font = Font(bold=True, color='008080', size=16)

                 cell = ws.cell(5,12)
                 cell.value = f'{cancel_rank}位 {cancel_count.values[0]}回'
                 cell.font = Font(bold=True, color='008080', size=16)

                 cell = ws.cell(8,8)
                 cell.value = f'キャンセルデータ'
                 cell.font = Font(bold=True, color='008080', size=16)

                 # 表の貼り付け
                 tmp_df = df.loc[(df['store_id']==target_id) & (df['status']==9)]
                 tmp_df = tmp_df[['order_accept_date','customer_id','total_amount','takeout_name','status_name']]
                 data_export(tmp_df, ws, 7, 8)
```

ノック49：実行して過去データとの比較をしてみよう

```
# 配達完了までの配達完了までの時間を直接出力
ave_time = delivery_df.loc[delivery_df['store_id']==target_id]['delta'].values[0]
cell = ws.cell(5,14)
cell.value = f'配達完了までの時間ランキング'
cell.font = Font(bold=True, color='008080', size=16)

cell = ws.cell(5,18)
cell.value = f'{delivery_rank}位 平均{ave_time}分'
cell.font = Font(bold=True, color='008080', size=16)

cell = ws.cell(8,14)
cell.value = f'各店舗の配達時間ランク'
cell.font = Font(bold=True, color='008080', size=16)

# 表の貼り付け
data_export(delivery_df, ws, 7, 14)

# デフォルトシートは削除
wb.remove(wb.worksheets[0])

# DFループが終わったらブックを保存
wb.save(os.path.join(output_folder, f'{target_id}_{store_name}_report_{file_date}.xlsx'))
wb.close()
```

⚾ **ノック49：**
実行して過去データとの比較をしてみよう

```python
# 自動的に指定年月の-1ヵ月のデータを読み込み、配列に格納する

tg_ym_old = str(int(tg_ym) - 1)

target_file = "tbl_order_" + tg_ym_old + ".csv"

target_data_old = pd.read_csv(os.path.join(input_dir, target_file))


# 過去分を初期化

target_data_old = init_tran_df(target_data_old)


df_array = [target_data, target_data_old]
```

■図5-27：指定の年月データから自動的に1ヶ月前のデータを配列に格納する処理

```
In [22]: # 自動的に指定年月の-1ヵ月のデータを読み込み、配列に格納する
         tg_ym_old = str(int(tg_ym) - 1)
         target_file = "tbl_order_" + tg_ym_old + ".csv"
         target_data_old = pd.read_csv(os.path.join(input_dir, target_file))

         # 過去分を初期化
         target_data_old = init_tran_df(target_data_old)

         df_array = [target_data, target_data_old]
```

　tg_ymという対象年月を一度数字に変換し、1を引くことで1ヵ月前に指定することができます。その1ヵ月前の指定でCSVを読み込み、データの初期化を実施した後、データフレームの配列に追加しています。

177

第1部 データ分析システム
第5章 分析システムを構築する10本ノック

早速、出力フォルダの動的生成を行い、レポーティングをしてみましょう。

```
# フォルダの動的生成
target_output_dir = make_active_folder(tg_ym)
# 本部向けレポートR2を呼ぶ
make_report_hq_r2(df_array, target_output_dir)
```

■図5-28：本部向け過去分対応版関数を呼ぶ

```
入力 [23]: # フォルダの動的生成
          target_output_dir = make_active_folder(tg_ym)
          # 管理者向けレポートR2を呼ぶ
          make_report_hq_r2(df_array, target_output_dir)
          202007_20201101185232
```

■図5-29：出力されたレポートが複数月シート化されている

	95	3489126	麻生店	K
	55	3488765	調布店	T
	97	3487993	幸店	K
	56	3473267	神田店	T

202007月度　　202006月度

7月と6月のデータがレポートに出力されました。
これでシートを変えれば、前月のレポートと比較できますね。

店舗側も同じように出力してみましょう。

```
# 各店舗向けレポート（全店舗実施）
for store_id in m_store.loc[m_store['store_id']!=999]['store_id']:
    # narrow_areaのフォルダを作成
    area_cd = m_store.loc[m_store['store_id']==store_id]['area_cd']
    area_name = m_area.loc[m_area['area_cd']==area_cd.values[0]]['narrow_a
rea'].values[0]
    target_store_output_dir = os.path.join(target_output_dir, area_name)
    os.makedirs(target_store_output_dir,exist_ok=True)
    make_report_store_r2(df_array, store_id, target_store_output_dir)
```

図5-30:各店舗向けレポート出力処理

管理レポートと同様に7月と6月のシートが出力されています。

さて、それでは、前半第1部の最後のノックです。張り切っていきましょう。

ノック50:
画面から実行できるようにしよう

ここまで来たら、せっかくなので、処理の実行もctrl + Enterではなく、画面のUIから実行したくなりますよね。

しかも、第3章で画面UIを作ったので、これを使わない手はありません。

また、店舗数が多く、さらに複数月対応等を行ったことで、店舗レポーティングの出力時間がそれなりに掛かるようになってしまいました。

画面上で何か動きがわかるといいので、その辺りの**ロギング**も簡単に実装してみましょう。

また、これまで固定でファイルを指定していたのと異なり、ファイルが存在しない年月を任意で選ぶことができるようになっているので、ファイルの存在確認など、最低限の対応も併せて追加してあります。

```
from IPython.display import display, clear_output
from ipywidgets import DatePicker
import datetime

def order_by_date(val):
    clear_output()
    display(date_picker)
    
    df_array = []
    
    print('データ確認、データ準備開始・・・')
```

第1部 データ分析システム
第5章 分析システムを構築する10本ノック

```python
    date_str = str(val['new'])
    date_dt = datetime.datetime.strptime(date_str, '%Y-%m-%d')
    target_ym = date_dt.strftime('%Y%m')

    # フォルダの動的生成
    target_output_dir = make_active_folder(target_ym)

    # 選択された基準月のデータ確認
    target_file = "tbl_order_" + target_ym + ".csv"
    if os.path.exists(os.path.join(input_dir, target_file)) == False:
        print(f'{target_file}が存在しません')
        return
    else:
        # データの読み込み
        df = pd.read_csv(os.path.join(input_dir, target_file))
        df =init_tran_df(df)
        df_array.append(df)

    # 選択された基準付きの1月前があるか確認
    target_ym_old = str(int(target_ym) - 1)
    target_file = "tbl_order_" + target_ym_old + ".csv"
    if os.path.exists(os.path.join(input_dir, target_file)) == True:
        # データがある場合のみ
        df = pd.read_csv(os.path.join(input_dir, target_file))
        df =init_tran_df(df)
        df_array.append(df)

    print('データ準備完了、レポーティング出力開始・・・')

    # 本部向けレポートR2を呼ぶ
    make_report_hq_r2(df_array, target_output_dir)

    print('管理レポート出力完了、各店舗のレポーティング出力開始・・・')
    # 各店舗向けレポート（全店舗実施）
```

180

ノック50：画面から実行できるようにしよう

```python
    for store_id in m_store.loc[m_store['store_id']!=999]['store_id']:
        # narrow_areaのフォルダを作成
        area_cd = m_store.loc[m_store['store_id']==store_id]['area_cd']
        area_name = m_area.loc[m_area['area_cd']==area_cd.values[0]]['narr
ow_area'].values[0]
        target_store_output_dir = os.path.join(target_output_dir, area_nam
e)
        os.makedirs(target_store_output_dir,exist_ok=True)
        make_report_store_r2(df_array, store_id, target_store_output_dir)

    print('処理完了しました。')

date_picker = DatePicker(value=datetime.datetime(2020, 4, 1))
date_picker.observe(order_by_date, names='value')
print('データを0_inputフォルダにコピーした後、基準月を選択して下さい。')
display(date_picker)
```

■図5-31：画面から対象年月を指定して処理を実施する

```
入力 [25]: from IPython.display import display, clear_output
          from ipywidgets import DatePicker
          import datetime

          def order_by_date(val):
              clear_output()
              display(date_picker)

              df_array = []

              print('データ確認、データ準備開始・・・')

              date_str = str(val['new'])
              date_dt = datetime.datetime.strptime(date_str, '%Y-%m-%d')
              target_ym = date_dt.strftime('%Y%m')

              # フォルダの動的生成
              target_output_dir = make_active_folder(target_ym)

              # 選択された基準月のデータ確認
              target_file = "tbl_order_" + target_ym + ".csv"
              if os.path.exists(os.path.join(input_dir, target_file)) == False:
                  print(f'{target_file}が存在しません')
                  return
              else:
                  # データの読み込み
                  df = pd.read_csv(os.path.join(input_dir, target_file))
                  df = init_tran_df(df)
                  df_array.append(df)

              # 選択された基準付きの1ヶ月前があるか確認
              target_ym_old = str(int(target_ym) - 1)
              target_file = "tbl_order_" + target_ym_old + ".csv"
              if os.path.exists(os.path.join(input_dir, target_file)) == True:
                  # データがある場合のみ
                  df = pd.read_csv(os.path.join(input_dir, target_file))
                  df = init_tran_df(df)
                  df_array.append(df)

              print('データ準備完了、レポーティング出力開始・・・')

              # 管理者向けレポートR2を呼ぶ
              make_report_hq_r2(df_array, target_output_dir)
```

181

かなり長い処理になってしまいましたが、安心して下さい。基本的にはこれまでやってきたことの組み合わせでしかないのです。
 1つひとつ読み解いていけば、そんなに複雑な処理をしているわけではないことに気が付くと思います。
 他にもトグルボタンを使って、地域だけに絞ってみたり、セレクトボックスで任意の店舗を選んでみたりと、これをベースに色々試してみて下さい。

■図5-32：画面から処理を実行し、ログが表示される結果

 これで、仕組み化に取り組んだ10本は終了となります。いかがでしたでしょうか。
 拍子抜けした方が多いのではないでしょうか。もっとしっかりとしたシステムができ上がると思っていた方は非常に多いと思いますが、シンプルで最低限の仕組みとしてはこれで十分施策が回るように構築できています。

 繰り返しになりますが、分析の目的は、あくまでも施策を実施し改善を行うことです。そのために大規模な投資は必要ありません。こういった小規模なシステ

ノック50：画面から実行できるようにしよう

ムで、数か月回すことで効果を検証したら、大規模なシステム化を意識していきましょう。今まで単発の分析を多くやってきた方は、データを更新する際の最小限のシステム化のイメージが湧いたのではないでしょうか。フォルダ構成やデータチェック機構などの見落としがちな部分を少し意識して作成しておくだけで、データ更新の際の混乱を防げます。

　これで、第1部の50本は終了となります。お疲れ様でした。第1章、第2章ではデータの加工から始まり、自分自身で基礎分析を行いました。第3章では、ダッシュボードを構築し、現場や顧客との対話のための強力なツール開発を学びました。その後、第4章では現場を変えるためのレポーティング、そして、最後の第5章ではレポーティングを継続させるための小規模なシステムを構築しました。少し駆け足でしたが、施策を意識した最小限のシステムのイメージができたのではないでしょうか。重要なのは、あくまでも分析結果を施策提案につなげ、改善を行うことです。それを意識して、必要最小限のシステムとは何かを考えていきましょう。

183

第2部 機械学習システム

　第2部では、機械学習を使って、施策につなげていく仕組みを作っていきます。

　機械学習はあくまでも技術の1つであり、無敵のツールではないので、ただ機械学習を使っているからすごいというものではありません。機械学習を上手に活用することで、これまでできなかった施策を打ち、その効果を得られることがすごいのです。データ分析も同様ですが、機械学習を使う目的は、そこから得られた情報をもとに施策を打ち、効果を上げることにあるというのを意識していきましょう。

　機械学習がデータ分析と決定的に違うのは、未来を予測するということです。データ分析が対象とするのは過去の事実であり、未来ではありません。例えば、料理提供までの時間が売上に寄与していることが分かったとして、毎月、レポーティングを実施する。これは、非常に有効だと思います。一方で、来月、料理提供までの時間を短縮するためにはどうしたら良いのでしょうか。来月のオーダーが増えるのか、減るのか、それが分かったら、人の配置を考えられるのではないでしょうか。過去の事例から、来月のオーダーが伸びるのか、減るのかを予測できる。それこそが機械学習の強みであると言えるでしょう。

　一般的な流れとして、機械学習モデル設計、データ加工、モデル構築/評価、施策、効果検証を行っていきます。データ分析と同様に、そこで十分な効果が得られた場合は、本格的な横展開やシステム化を検討していきます。効果検証では、施策の取り組み方だけを見直すこともあれば、モデルの精度が実用に耐えられないことで、モデル構築まで立ち戻る場合もあります。

第2部では、引き続きピザチェーンをテーマに、機械学習システムを作っていきます。第1部での知見を活かし、まずは、どのような機械学習モデルを構築するかを考え、機械学習のためのデータ加工を行います。第1部を復習しながらデータ加工を行っていきましょう。その後、モデルの構築・評価を実施します。ここでは、多角的にモデルの検討や評価を行うための簡易モデル構築システムを作成します。モデルが構築できたら、更新(新規)データに対応できるように、簡易予測システムを作成していきます。そして最後は集大成として、第1部のデータ分析システムも取り入れて、データ更新に耐えられる小規模システムを作りましょう。

第2部で取り扱うPythonライブラリ

データ加工：pandas
可視化：matplotlib、openpyxl
機械学習：scikit-learn

第6章
機械学習のための
データ加工をする10本ノック

　機械学習を行う際も、データの加工が第一歩目になります。

　データ分析や機械学習は、8割がデータ加工と言われています。機械学習のモデルが迷わないように、しっかりとデータを整地し、機械学習モデルに投入する直前までの下準備を行います。

　本章の内容は、第1章で実施したことと近い流れになりますが、第1章の内容に加えて、機械学習用の変数を作成するところまでを実施していきます。また、第5章で取り組んだフォルダ構成もしっかり準備しながら進めていきます。復習も兼ねて、挑戦していきましょう。

　　ノック51：データ加工の下準備をしよう
　　ノック52：データの読み込みを行い加工の方向性を検討しよう
　　ノック53：1か月分のデータの基本的なデータ加工を実施しよう
　　ノック54：機械学習に使用する変数を作成しよう
　　ノック55：店舗単位に集計して変数を作成しよう
　　ノック56：データの加工と店舗別集計を関数で実行しよう
　　ノック57：全データの読み込みとデータ加工をやってみよう
　　ノック58：目的変数を作成しよう
　　ノック59：説明変数と目的変数を紐づけて機械学習用のデータを仕上げよう
　　ノック60：機械学習用データの確認を行い出力しよう

あなたの状況

あなたは、店舗にピザを提供するまでの時間を意識してもらうためのレポーティング施策を実施し、一定の効果が得られたことを実感しています。ただ、店舗ごとに改善率はバラツキが出てきており、ピザを提供するまでの時間の前月の結果をレポーティングするだけでは、情報として不足していると感じています。そこで、機械学習を用いて予測を行うことで、店舗のスタッフの役に立てないかを考えています。

前提条件

機械学習で使用するために、2019年度の注文データを受領しました。注文データは、月別に出力されています。

■表6-1：データ一覧

No.	ファイル名	概要
1	m_area.csv	地域マスタ。都道府県情報等。
2	m_store.csv	店舗マスタ。店舗名等。
3	tbl_order_201904.csv ～ tbl_order_202003.csv	2019年度の注文データ。

ノック51：データ加工の下準備をしよう

データ加工の下準備に入る前に、どのような機械学習モデルを構築するか考えてみましょう。

これまでに、ピザを提供するまでの時間が短い方が、キャンセル率が低くなる傾向になることが分かっています。では、ピザを提供するまでの時間を短くするという課題を設定しましょう。業務フローを見直し、ピザを提供するまでの無駄を見直したりする店舗もあるでしょう。こういった取り組みは、店舗による自助努力を全社的に共有したり、本部で共通のフローを見直したりすることで改善が見込めるでしょう。

ノック51：データ加工の下準備をしよう

　また、ある店舗では、店長がデータを見て、需給バランスが取れるように人の配置を見直したりしているでしょう。ここで、この店長の行動をもう少し分解してみましょう。できる店長は過去の売上やオーダー数を見て、来月のオーダー数がいつ増えるのかを考えるはずです。その予測をもとに、バイトのシフトを上手に調整して、ピザの提供時間を改善しつつ、コストを下げるということを行っています。このような過去のデータから自分なりに知見を引き出し、予測を立てるという行動は、人間の強い部分である一方で、できる人は限られその精度は人によってバラつきがあります。第1部のレポーティング施策を行うことでデータを活用できる店舗とそうでない店舗が分かれてくるのは、こういったことが理由です。そこで、前月までのデータから、来月のオーダー数が増加するのか減少するのかの予測を行ってみましょう。オーダー数自体を予測するのではなく、増加するのか減少するのかを予測するので、**教師あり学習**の**分類**(二値分類)モデルとなります。本書では、平日と休日の2つのモデルを作成してみます。これで、ピザを提供するまでの時間を短縮するための施策を考えるサポートになることでしょう。

　では、データ加工を行いますが、まずはどのような**フォルダ構成**にしていきましょうか。データを加工する前のインプットデータとデータ加工後のアウトプットデータがあるので、第5章と同じフォルダ構成でいけそうです。まずは、前回と同様にフォルダを作成しましょう。

```
import os
data_dir = 'data'
input_dir = os.path.join(data_dir, '0_input')
output_dir = os.path.join(data_dir, '1_output')
master_dir = os.path.join(data_dir, '99_master')
os.makedirs(input_dir,exist_ok=True)
os.makedirs(output_dir,exist_ok=True)
os.makedirs(master_dir,exist_ok=True)
```

189

第2部 機械学習システム
第6章 機械学習のためのデータ加工をする10本ノック

■図6-1：第6章のフォルダ構成

■図6-2：フォルダ作成

```
ノック51：データ加工の下準備をしよう
In [1]: import os
        data_dir = 'data'
        input_dir = os.path.join(data_dir, '0_input')
        output_dir = os.path.join(data_dir, '1_output')
        master_dir = os.path.join(data_dir, '99_master')
        os.makedirs(input_dir,exist_ok=True)
        os.makedirs(output_dir,exist_ok=True)
        os.makedirs(master_dir,exist_ok=True)
```

　フォルダが作成できたのを確認したら、今回のサンプルデータを配置しましょう。0_inputデータには、注文データを、99_masterデータには、地域マスタと店舗マスタを格納します。
　続いて0_inputフォルダに格納されている注文データを読み込もうと思いますが、ファイルが複数存在するので、1つひとつ指定していたら大変です。そこで、自動的に0_inputフォルダの中身を取りに行き、配列としてパスを定義しておきましょう。これは、**ノック3**でやったことを思い出しながら、挑戦してみましょう。

```
import glob
tbl_order_file = os.path.join(input_dir, 'tbl_order_*.csv')
tbl_order_paths = glob.glob(tbl_order_file)
tbl_order_paths
```

ノック52：データの読み込みを行い加工の方向性を検討しよう

■図6-3：注文データパスの取得

```
In [2]:  import glob
         tbl_order_file = os.path.join(input_dir, 'tbl_order_*.csv')
         tbl_order_paths = glob.glob(tbl_order_file)
         tbl_order_paths

Out[2]:  ['data¥¥0_input¥¥tbl_order_201904.csv',
          'data¥¥0_input¥¥tbl_order_201905.csv',
          'data¥¥0_input¥¥tbl_order_201906.csv',
          'data¥¥0_input¥¥tbl_order_201907.csv',
          'data¥¥0_input¥¥tbl_order_201908.csv',
          'data¥¥0_input¥¥tbl_order_201909.csv',
          'data¥¥0_input¥¥tbl_order_201910.csv',
          'data¥¥0_input¥¥tbl_order_201911.csv',
          'data¥¥0_input¥¥tbl_order_201912.csv',
          'data¥¥0_input¥¥tbl_order_202001.csv',
          'data¥¥0_input¥¥tbl_order_202002.csv',
          'data¥¥0_input¥¥tbl_order_202003.csv']
```

⚾ ノック52： データの読み込みを行い加工の方向性を 検討しよう

では、続いてデータの読み込みを行っていきます。まずは、簡単なのでマスタデータの読み込みを行います。ここまでくると慣れたものですね。

```
import pandas as pd

m_area_file = 'm_area.csv'

m_store_file = 'm_store.csv'

m_area = pd.read_csv(os.path.join(master_dir, m_area_file))

m_store = pd.read_csv(os.path.join(master_dir, m_store_file))

m_area.head(3)
```

■図6-4：マスタデータの読み込み

```
                  ノック52：データの読み込みを行い加工の方向性を検討しよう

In [3]:  import pandas as pd
         m_area_file = 'm_area.csv'
         m_store_file = 'm_store.csv'
         m_area = pd.read_csv(os.path.join(master_dir, m_area_file))
         m_store = pd.read_csv(os.path.join(master_dir, m_store_file))
         m_area.head(3)

Out[3]:
         area_cd  wide_area  narrow_area

     0   TK       東京         東京

     1   KN       神奈川       神奈川

     2   CH       千葉         千葉
```

実はこれは、**ノック42**と全く同じソースコードです。このように、フォルダ構造をしっかり考え、変数名を統一することで、簡単に使い回すことができます。

191

第2部 機械学習システム
第6章 機械学習のためのデータ加工をする10本ノック

　では、続いて注文データなのですが、全データを読み込む前に、1つだけ指定して読み込みを行ってみましょう。注文データは、tbl_order_pathsに配列で格納されています。その中の1つ目を取得して、読み込んでみます。データ件数と先頭3データも表示しましょう。

```
tbl_order_path = tbl_order_paths[0]
print(f'読み込みデータ：{tbl_order_path}')
order_data = pd.read_csv(tbl_order_path)
print(f'データ件数：{len(order_data)}')
order_data.head(3)
```

■図6-5：注文データの読み込み

　ここまでは、そんなに難しい処理ではないですね。では、なぜ全データを結合せずに、1か月分の注文データのみを読み込んでみたのでしょうか。

　データ件数に着目してもらいたいのですが、1か月で20万件程度のデータになっています。これを1年分結合すると、240万件ものデータになってしまいます。240万件のデータをやり取りするには、処理に時間がかかる場合が多いのです。そのため、まずはこの1件をもとに加工の方向性を考え、全期間のデータに適用するのが良いでしょう。特に、今回の場合は、店舗単位の予測を実施するので、最終的には店舗単位で集計することになります。その場合、1か月のデータ量は店舗数にまで削減されますので、1か月単位で処理を実行してから結合する方が効率の良い方法と考えることができます。

　これで、加工処理の方向性は整いました。次ノックでは、まず基本的なデータ加工を実施します。基本的なデータ加工とは、欠損値や異常な値、ラベル付けなど、第1部の第1章で対応した加工となります。

192

ノック53：1か月分のデータの基本的なデータ加工を実施しよう

ノック53：
1か月分のデータの
基本的なデータ加工を実施しよう

　早速、基本的なデータ加工を実施していきましょう。店舗999が不要なデータとして確認されているので、store_idが999のデータを除外します。その後、地域と店舗マスタを結合し、マスタが存在しないコードにラベルを付与します。

　store_idが999となるデータの除外から、地域、店舗マスタの結合、マスタが存在しないコードへのラベルの付与を一気にやってしまいましょう。第1章を参考に挑戦してみて下さい。

```python
order_data = order_data.loc[order_data['store_id'] != 999]


order_data = pd.merge(order_data, m_store, on='store_id', how='left')
order_data = pd.merge(order_data, m_area, on='area_cd', how='left')


order_data.loc[order_data['takeout_flag'] == 0, 'takeout_name'] = 'デリバリー'
order_data.loc[order_data['takeout_flag'] == 1, 'takeout_name'] = 'お持ち帰り'


order_data.loc[order_data['status'] == 0, 'status_name'] = '受付'
order_data.loc[order_data['status'] == 1, 'status_name'] = 'お支払済'
order_data.loc[order_data['status'] == 2, 'status_name'] = 'お渡し済'
order_data.loc[order_data['status'] == 9, 'status_name'] = 'キャンセル'
order_data.head(3)
```

193

■図6-6：基本的なデータ加工

　これで、第1章の知見を活かしたデータ加工が終わりました。右にスクロールすると、店舗名等が入っているのがわかります。念のため、欠損値の確認を行っておきましょう。データ結合の際には欠損値が生じる可能性があります。欠損値は機械学習においてエラーになる要素ですので、確認する癖をつけましょう。

```
order_data.isna().sum()
```

■図6-7：欠損値の確認

```
In [6]: order_data.isna().sum()
Out[6]: order_id            0
        store_id            0
        customer_id         0
        coupon_cd           0
        sales_detail_id     0
        order_accept_date   0
        delivered_date      0
        takeout_flag        0
        total_amount        0
        status              0
        store_name          0
        area_cd             0
        wide_area           0
        narrow_area         0
        takeout_name        0
        status_name         0
        dtype: int64
```

　欠損値がないことが確認できました。今回は、比較的綺麗なデータですね。実際には、欠損値はよく生じる問題で、頭を悩ませる要素になりますので、注意しておきましょう。

ノック54：機械学習に使用する変数を作成しよう

では、次に、機械学習で使用するための変数を作成します。今のデータは、オーダーごとにデータが存在しますが、この後、店舗ごとに絞り込むことになり、情報量が落ちてしまいます。そのため、オーダーごとに必要な変数は今のうちに作成しておきましょう。

今回の場合、それに該当する大きな例は、ピザ提供までの時間の情報や、オーダーを受けた時間帯情報です。特に、今回の場合は、ピザ提供までの時間とキャンセル率は関係性があることが分かっているため、重要な変数となるでしょう。前月、頼んでからピザが届くまでの時間が著しく長かった場合に、またすぐに頼もうとは思わないので、翌月のオーダー数が減少するのは容易に想像できます。

本書では、ピザ提供までの時間、ピザが注文された時間帯、平日/休日フラグを作成しておきましょう。平日/休日フラグはモデルを分ける予定ですので、そういった意味でも、平日/休日データを分けられるようにしておく必要があります。

まずは、ピザ提供までの時間を付与しましょう。ここは、**ノック27**で既に行っている部分を利用します。思い浮かばない方は、見直してみると良いでしょう。

```python
def calc_delta(t):
    t1, t2 = t
    delta = t2 - t1
    return delta.total_seconds()/60


order_data.loc[:,'order_accept_datetime'] = pd.to_datetime(order_data['order_accept_date'])
order_data.loc[:,'delivered_datetime'] = pd.to_datetime(order_data['delivered_date'])
order_data.loc[:,'delta'] = order_data[['order_accept_datetime', 'delivered_datetime']].apply(calc_delta, axis=1)
order_data.head(3)
```

第2部 機械学習システム
第6章 機械学習のためのデータ加工をする10本ノック

■図6-8：ピザ提供までの時間の作成

```
ノック54：機械学習に使用する変数を作成しよう

In [7]:  def calc_delta(t):
             t1, t2 = t
             delta = t2 - t1
             return delta.total_seconds()/60

         order_data.loc[:,'order_accept_datetime'] = pd.to_datetime(order_data['order_accept_date'])
         order_data.loc[:,'delivered_datetime'] = pd.to_datetime(order_data['delivered_date'])
         order_data.loc[:,'delta'] = order_data[['order_accept_datetime', 'delivered_datetime']].apply(calc_delta, axis=1)
         order_data.head(3)
```

Out[7]:	takeout_flag	total_amount	status	store_name	area_cd	wide_area	narrow_area	takeout_name	status_name	order_accept_datetime	delivered_datetime	delta
	1	2112	1	杉並店	TK	東京	東京	お持ち帰り	お支払済	2019-04-01 11:00:00	2019-04-01 11:26:00	26.0
	0	2154	2	西多摩店	TK	東京	東京	デリバリー	お渡し済	2019-04-01 11:00:00	2019-04-01 11:47:00	47.0
	0	3050	2	西多摩店	TK	東京	東京	デリバリー	お渡し済	2019-04-01 11:00:00	2019-04-01 11:10:00	10.0

　関数calc_deltaを定義し、order_accept_datetime、delivered_datetimeの差分を計算し、deltaという列名で定義しています。**ノック27**では、この後、キャンセルされたものを省いて集計を行っていましたが、ここではまだ集計を行わないので、キャンセルされたデータも残しておきます。

　次に、ピザが注文された時間帯、平日/休日を付与します。平日/休日は、曜日を取得した後に、それぞれ抽出して作成します。

```
order_data.loc[:,'order_accept_hour'] = order_data['order_accept_datetim
e'].dt.hour
```

```
order_data.loc[:,'order_accept_weekday'] = order_data['order_accept_dateti
me'].dt.weekday
```

```
order_data.loc[order_data['order_accept_weekday'] >= 5, 'weekday_info'] =
'休日'
```

```
order_data.loc[order_data['order_accept_weekday'] < 5, 'weekday_info'] = '
平日'
```

```
order_data.head(3)
```

■図6-9：日付関連変数の作成

```
In [8]:  order_data.loc[:,'order_accept_hour'] = order_data['order_accept_datetime'].dt.hour
         order_data.loc[:,'order_accept_weekday'] = order_data['order_accept_datetime'].dt.weekday
         order_data.loc[order_data['order_accept_weekday'] >= 5, 'weekday_info'] = '休日'
         order_data.loc[order_data['order_accept_weekday'] < 5, 'weekday_info'] = '平日'
         order_data.head(3)
```

Out[8]:	wide_area	narrow_area	takeout_name	status_name	order_accept_datetime	delivered_datetime	delta	order_accept_hour	order_accept_weekday	weekday_info
	東京	東京	お持ち帰り	お支払済	2019-04-01 11:00:00	2019-04-01 11:26:00	26.0	11	0	平日
	東京	東京	デリバリー	お渡し済	2019-04-01 11:00:00	2019-04-01 11:47:00	47.0	11	0	平日
	東京	東京	デリバリー	お渡し済	2019-04-01 11:00:00	2019-04-01 11:10:00	10.0	11	0	平日

weekdayは、0の月曜日に始まり、6が日曜日となります。そのため、平日は5未満、休日は5以上で分岐できます。2019年4月1日は月曜日になりますので、0が付与されています。これで、オーダー単位での変数作成は終了です。続いて、店舗単位に集計を行いながら変数を作成していきましょう。

ノック55：店舗単位に集計して変数を作成しよう

店舗単位に集計する際に、どのような変数を作成するか考えましょう。まずは、オーダー件数ですが、お渡し済やお支払済のようにしっかり完了できている件数とキャンセルの件数は別々に集計しましょう。同様に、デリバリーとお持ち帰りの件数は別々に集計しておきましょう。オーダーの全件数も併せて作成します。また、時間帯別のオーダー件数も集計しておきましょう。

最後に、キャンセル率に寄与するピザを提供するまでの平均時間を算出しましょう。その際に、キャンセルされたデータを除いて集計するのを忘れないで下さい。

まずは、時間帯別以外のオーダー件数の集計を行います。

```
store_data = order_data.groupby(['store_name']).count()[['order_id']]
store_f = order_data.loc[(order_data['status_name']=="お渡し済")|(order_data['status_name']=="お支払済")].groupby(['store_name']).count()[['order_id']]
store_c = order_data.loc[order_data['status_name']=="キャンセル"].groupby(['store_name']).count()[['order_id']]
store_d = order_data.loc[order_data['takeout_name']=="デリバリー"].groupby(['store_name']).count()[['order_id']]
store_t = order_data.loc[order_data['takeout_name']=="お持ち帰り"].groupby(['store_name']).count()[['order_id']]

store_weekday = order_data.loc[order_data['weekday_info']=="平日"].groupby(['store_name']).count()[['order_id']]
store_weekend = order_data.loc[order_data['weekday_info']=="休日"].groupby(['store_name']).count()[['order_id']]
```

第2部 機械学習システム
第6章 機械学習のためのデータ加工をする10本ノック

■図6-10：オーダー数の集計

```
ノック55：店舗単位に集計して変数を作成しよう

In [9]: store_data = order_data.groupby(['store_name']).count()[['order_id']]
        store_f = order_data.loc[(order_data['status_name']=="お渡し済")|
                    (order_data['status_name']=="お支払済")].groupby(['store_name']).count()[['order_id']]
        store_c = order_data.loc[order_data['status_name']=="キャンセル"].groupby(['store_name']).count()[['order_id']]
        store_d = order_data.loc[order_data['takeout_name']=="デリバリー"].groupby(['store_name']).count()[['order_id']]
        store_t = order_data.loc[order_data['takeout_name']=="お持ち帰り"].groupby(['store_name']).count()[['order_id']]

        store_weekday = order_data.loc[order_data['weekday_info']=="平日"].groupby(['store_name']).count()[['order_id']]
        store_weekend = order_data.loc[order_data['weekday_info']=="休日"].groupby(['store_name']).count()[['order_id']]
```

　これまでやってきたことを考えると難しくないかと思います。一行目で店舗ご
とに全オーダー件数の集計を行います。その後、各条件のデータを抽出してそれ
ぞれ集計しています。
　続いて、時間帯別のオーダー件数を集計しましょう。

```
times = order_data['order_accept_hour'].unique()
store_time = []
for time in times:
    time_tmp = order_data.loc[order_data['order_accept_hour']==time].group
by(['store_name']).count()[['order_id']]
    time_tmp.columns = [f'order_time_{time}']
    store_time.append(time_tmp)
store_time = pd.concat(store_time, axis=1)
store_time.head(3)
```

■図6-11：時間帯別オーダー数の集計

```
In [10]: times = order_data['order_accept_hour'].unique()
         store_time = []
         for time in times:
             time_tmp = order_data.loc[order_data['order_accept_hour']==time].groupby(['store_name']).count()[['order_id']]
             time_tmp.columns = [f'order_time_[time]']
             store_time.append(time_tmp)
         store_time = pd.concat(store_time, axis=1)
         store_time.head(3)
```

Out [10]:

store_name	order_time_11	order_time_12	order_time_13	order_time_14	order_time_15	order_time_16	order_time_17	order_time_18	order_time_19	order_tir
あきる野店	91	122	112	101	95	107	106	100	108	
さいたま南店	130	135	147	143	142	137	130	113	140	
さいたま緑店	95	91	106	95	102	82	90	93	95	

　では、最後に、キャンセル率に寄与するピザを提供するまでの平均時間を集計
しましょう。また、ここまで集計してきた複数データを結合していきます。その

ノック55：店舗単位に集計して変数を作成しよう

際に、列名を変更するのを忘れないで下さい。

```
store_delta = order_data.loc[(order_data['status_name']!="キャンセル")].gr
oupby(['store_name']).mean()[['delta']]
store_data.columns = ['order']
store_f.columns = ['order_fin']
store_c.columns = ['order_cancel']
store_d.columns = ['order_delivery']
store_t.columns = ['order_takeout']
store_weekday.columns = ['order_weekday']
store_weekend.columns = ['order_weekend']
store_delta.columns = ['delta_avg']
store_data = pd.concat([store_data, store_f, store_c, store_d, store_t, st
ore_weekday, store_weekend, store_time, store_delta], axis=1)
store_data.head(3)
```

■図6-12：提供までの時間の集計と集計結果の結合

1行目でキャンセルを除いた状態でのピザを提供するまでの平均時間を集計しています。その後、列名を変更し、結合を行うことで、店舗ごとの集計は完了です。

これで、1か月分に絞り込んだ状態での変数の作成と店舗ごとの集計が完了しました。

次は、全データに対して処理を行いたいので、関数化を実施し、動作の確認を行ってみましょう。

199

第2部 機械学習システム
第6章 機械学習のためのデータ加工をする10本ノック

ノック56：
データの加工と店舗別集計を
関数で実行しよう

　ここで作成する関数は、1か月分のデータを渡した結果、店舗別に集計した結果が返ってくるようにするものです。**ノック53、54、55**の中身をコピーしながら作成しましょう。その際に、表示のためのプログラムは除去してしまいましょう。data_processing関数として定義します。

```python
def data_processing(order_data):
    order_data = order_data.loc[order_data['store_id'] != 999]

    order_data = pd.merge(order_data, m_store, on='store_id', how='left')

    order_data = pd.merge(order_data, m_area, on='area_cd', how='left')

    order_data.loc[order_data['takeout_flag'] == 0, 'takeout_name'] = 'デ
リバリー'

    order_data.loc[order_data['takeout_flag'] == 1, 'takeout_name'] = 'お
持ち帰り'

    order_data.loc[order_data['status'] == 0, 'status_name'] = '受付'

    order_data.loc[order_data['status'] == 1, 'status_name'] = 'お支払済'

    order_data.loc[order_data['status'] == 2, 'status_name'] = 'お渡し済'

    order_data.loc[order_data['status'] == 9, 'status_name'] = 'キャンセル
'


    order_data.loc[:,'order_accept_datetime'] = pd.to_datetime(order_data[
'order_accept_date'])

    order_data.loc[:,'delivered_datetime'] = pd.to_datetime(order_data['de
livered_date'])

    order_data.loc[:,'delta'] = order_data[['order_accept_datetime', 'deli
vered_datetime']].apply(calc_delta, axis=1)

    order_data.loc[:,'order_accept_hour'] = order_data['order_accept_datet
ime'].dt.hour

    order_data.loc[:,'order_accept_weekday'] = order_data['order_accept_da
tetime'].dt.weekday
```

200

ノック56：データの加工と店舗別集計を関数で実行しよう

```python
    order_data.loc[order_data['order_accept_weekday'] >= 5, 'weekday_inf
o'] = '休日'
    order_data.loc[order_data['order_accept_weekday'] < 5, 'weekday_info']
= '平日'


    store_data = order_data.groupby(['store_name']).count()[['order_id']]
    store_f = order_data.loc[(order_data['status_name']=="お渡し済")|(orde
r_data['status_name']=="お支払済")].groupby(['store_name']).count()[['orde
r_id']]
    store_c = order_data.loc[order_data['status_name']=="キャンセル"].grou
pby(['store_name']).count()[['order_id']]
    store_d = order_data.loc[order_data['takeout_name']=="デリバリー"].gr
oupby(['store_name']).count()[['order_id']]
    store_t = order_data.loc[order_data['takeout_name']=="お持ち帰り"].gro
upby(['store_name']).count()[['order_id']]
    store_weekday = order_data.loc[order_data['weekday_info']=="平日"].gro
upby(['store_name']).count()[['order_id']]
    store_weekend = order_data.loc[order_data['weekday_info']=="休日"].gro
upby(['store_name']).count()[['order_id']]
    times = order_data['order_accept_hour'].unique()
    store_time = []
    for time in times:
        time_tmp = order_data.loc[order_data['order_accept_hour']==time].g
roupby(['store_name']).count()[['order_id']]
        time_tmp.columns = [f'order_time_{time}']
        store_time.append(time_tmp)
    store_time = pd.concat(store_time, axis=1)
    store_delta = order_data.loc[order_data['status_name']!="キャンセル
"].groupby(['store_name']).mean()[['delta']]
    store_data.columns = ['order']
    store_f.columns = ['order_fin']
    store_c.columns = ['order_cancel']
    store_d.columns = ['order_delivery']
    store_t.columns = ['order_takeout']
    store_delta.columns = ['delta_avg']
```

201

第2部 機械学習システム
第6章 機械学習のためのデータ加工をする10本ノック

```
store_weekday.columns = ['order_weekday']

store_weekend.columns = ['order_weekend']

store_data = pd.concat([store_data, store_f, store_c, store_d, store_
t, store_weekday, store_weekend, store_time, store_delta], axis=1)

return store_data
```

■図6-13：データ加工関数の作成

ノック56：データの加工と店舗別集計を関数で実行しよう

```python
In [12]: def data_processing(order_data):
    order_data = order_data.loc[order_data['store_id'] != 999]
    order_data = pd.merge(order_data, m_store, on='store_id', how='left')
    order_data = pd.merge(order_data, m_area, on='area_cd', how='left')
    order_data.loc[order_data['takeout_flag'] == 0, 'takeout_name'] = 'デリバリー'
    order_data.loc[order_data['takeout_flag'] == 1, 'takeout_name'] = 'お持ち帰り'
    order_data.loc[order_data['status'] == 0, 'status_name'] = '受付'
    order_data.loc[order_data['status'] == 1, 'status_name'] = 'お支払済'
    order_data.loc[order_data['status'] == 2, 'status_name'] = 'お渡し済'
    order_data.loc[order_data['status'] == 9, 'status_name'] = 'キャンセル'

    order_data.loc[:,'order_accept_datetime'] = pd.to_datetime(order_data['order_accept_date'])
    order_data.loc[:,'delivered_datetime'] = pd.to_datetime(order_data['delivered_date'])
    order_data.loc[:,'delta'] = order_data[['order_accept_datetime', 'delivered_datetime']].apply(calc_delta, axis=1)
    order_data.loc[:,'order_accept_hour'] = order_data['order_accept_datetime'].dt.hour
    order_data.loc[:,'order_accept_weekday'] = order_data['order_accept_datetime'].dt.weekday
    order_data.loc[order_data['order_accept_weekday'] >= 5, 'weekday_info'] = '休日'
    order_data.loc[order_data['order_accept_weekday'] < 5, 'weekday_info'] = '平日'

    store_data = order_data.groupby(['store_name']).count()[['order_id']]
    store_f = order_data.loc[(order_data['status_name']=='お渡し済')|
                            (order_data['status_name']=='お支払済')].groupby(['store_name']).count()[['order_id']]
    store_c = order_data.loc[order_data['status_name']=='キャンセル'].groupby(['store_name']).count()[['order_id']]
    store_d = order_data.loc[order_data['takeout_name']=='デリバリー'].groupby(['store_name']).count()[['order_id']]
    store_t = order_data.loc[order_data['takeout_name']=='お持ち帰り'].groupby(['store_name']).count()[['order_id']]
    store_weekday = order_data.loc[order_data['weekday_info']=='平日'].groupby(['store_name']).count()[['order_id']]
    store_weekend = order_data.loc[order_data['weekday_info']=='休日'].groupby(['store_name']).count()[['order_id']]
    times = order_data['order_accept_hour'].unique()
    store_time = []
    for time in times:
        time_tmp = order_data.loc[order_data['order_accept_hour']==time].groupby(['store_name']).count()[['order_id']]
        time_tmp.columns = [f'order_time_{time}']
        store_time.append(time_tmp)
    store_time = pd.concat(store_time, axis=1)
    store_delta = order_data.loc[order_data['status_name']!='キャンセル'].groupby(['store_name']).mean()[['delta']]
    store_data.columns = ['order']
    store_f.columns = ['order_fin']
    store_c.columns = ['order_cancel']
    store_d.columns = ['order_delivery']
    store_t.columns = ['order_takeout']
    store_delta.columns = ['delta_avg']
    store_weekday.columns = ['order_weekday']
    store_weekend.columns = ['order_weekend']
    store_data = pd.concat([store_data, store_f, store_c, store_d, store_t,
                            store_weekday, store_weekend, store_time, store_delta], axis=1)
    return store_data
```

ノック53、54、55の内容をコピーしていくだけですね。ただし、関数
calc_deltaは、既に**ノック54**で定義してあるので、必要ありません。

では、動作確認に移りましょう。**ノック52**の最後に1か月分だけ読み込んで
order_dataとして定義したので、同じようにtbl_order_pathsの0番目を指定
し、読み込んだ後、関数に渡してみましょう。

```
tbl_order_path = tbl_order_paths[0]
print(f'読み込みデータ : {tbl_order_path}')
```

202

ノック57：全データの読み込みとデータ加工をやってみよう

```
order_data = pd.read_csv(tbl_order_path)
store_data = data_processing(order_data)
store_data.head(3)
```

■図6-14：データ加工関数の実行

```
In [13]: tbl_order_path = tbl_order_paths[0]
         print(f'読み込みデータ：{tbl_order_path}')
         order_data = pd.read_csv(tbl_order_path)
         store_data = data_processing(order_data)
         store_data.head(3)

         読み込みデータ：data¥0_input¥tbl_order_201904.csv
```

Out[13]:

store_name	order	order_fin	order_cancel	order_delivery	order_takeout	order_weekday	order_weekend	order_time_11	order_time_12	order_time_13	order_
あきる野店	1147	945	202	841	306	844	303	91	122	112	
さいたま南店	1504	1217	287	1105	399	1104	400	130	135	147	
さいたま緑店	1028	847	181	756	272	756	272	95	91	106	

　ノック55と同じ結果が出力されましたでしょうか。同じ結果が出力されれば関数の作成は成功です。次は、for文を使って全データの読み込みとデータ加工を行っていきましょう。

⚾ ノック57：全データの読み込みとデータ加工をやってみよう

　それでは、全データの読み込みを行いますが、データをユニオンしていく上で、このままでは問題が生じます。それは、いつのデータなのかわからなくなってしまう点と、インデックスにstore_nameが使用されている点です。この2点は、関数側で処理させる場合も多いです。そのため、関数を変更しても問題ありませんが、今回は関数を通した後に、これらの対応を行いつつ、for文で結合していくことにします。いつのデータなのかは、今回はファイル名から取得するようにします。この処理の実行には、少しだけ時間がかかります。

```
store_all = []
for tbl_order_path in tbl_order_paths:
    print(f'読み込みデータ：{tbl_order_path}')
    tg_ym = tbl_order_path.split('_')[-1][:6]
```

203

第2部 機械学習システム
第6章 機械学習のためのデータ加工をする10本ノック

```python
    order_data = pd.read_csv(tbl_order_path)

    store_data = data_processing(order_data)

    store_data.loc[:,'year_month'] = tg_ym

    store_data.reset_index(drop=False, inplace=True)

    store_all.append(store_data)

store_all = pd.concat(store_all, ignore_index=True)

display(store_all.head(3))

display(store_all.tail(3))

store_monthly_name = 'store_monthly_data.csv'

store_all.to_csv(os.path.join(output_dir, store_monthly_name), index=Fals
e)
```

■図6-15：提供までの時間の集計と集計結果の結合

tbl_order_pathsをfor文で回していきます。年月の取得は、ファイル名を_で分割し、-1で最後を取得します。そうすると、「201904.csv」等のように取得できるので、この上位6桁を年月としてデータに挿入しています。最後にheadとtailで先頭と末尾の3件を出力しています。右にスクロールすると、year_monthが確認できますが、201904から202003までのデータであることがわかります。

これで、店舗ごとに集計したデータを作成できました。ここまでで、データ加工の下準備が整った状態です。ここから、機械学習で使用するデータに仕上げていきます。機械学習では、予測したい変数のことを**目的変数**、予測に使用する変数を**説明変数**と言います。

今回の場合の目的変数は、前月に対してオーダー数が上がったのか下がったのかという情報となります。まずは、目的変数の作成を行いましょう。

⚾ ✏ ノック58 : 目的変数を作成しよう

目的変数は、前月と今月の差を取ることで作成できます。

まずは、必要なデータに絞り込んだ後、year_monthの前月を作成します。

必要なデータは、store_name、order、year_monthの3列です。

ここで1つ注意が必要なのが、平日と休日はそれぞれ別モデルを構築する予定なので別々に集計するということです。

```
y = store_all[['store_name', 'year_month','order_weekday', 'order_weeken
d']].copy()
y.loc[:,'one_month_ago'] = pd.to_datetime(y['year_month'], format='%Y%m')
from dateutil.relativedelta import relativedelta
y.loc[:,'one_month_ago'] = y['one_month_ago'].map(lambda x: x - relativede
lta(months=1))
y.loc[:,'one_month_ago'] = y['one_month_ago'].dt.strftime('%Y%m')
y.head(3)
```

第2部 機械学習システム
第6章 機械学習のためのデータ加工をする10本ノック

■図6-16：1か月前日付の作成

```
ノック58：目的変数を作成しよう
In [15]: y = store_all[['store_name', 'year_month','order_weekday', 'order_weekend']].copy()
         y.loc[:,'one_month_ago'] = pd.to_datetime(y['year_month'], format='%Y%m')
         from dateutil.relativedelta import relativedelta
         y.loc[:,'one_month_ago'] = y['one_month_ago'].map(lambda x: x - relativedelta(months=1))
         y.loc[:,'one_month_ago'] = y['one_month_ago'].dt.strftime('%Y%m')
         y.head(3)
Out[15]:
```

	store_name	year_month	order_weekday	order_weekend	one_month_ago
0	あきる野店	201904	844	303	201903
1	さいたま南店	201904	1104	400	201903
2	さいたま緑店	201904	756	272	201903

　ここでは、year_monthをdatetime型に変更し、relativedeltaを用いて1
か月前を作成しています。最後に、year_monthと同じように、年月単位に変更
しています。

　それでは、このyに対して、yをジョインします。その際のキーが、one_
month_ago と year_monthになります。year_monthが2019年5月の場合、
one_month_agoは2019年4月となっており、ここに、year_monthが
2019年4月のデータが結合され、前月のorderを付与できます。早速やってみ
ましょう。意図した処理が行われているかチェックするために、最後にあきる野
店のみを表示してみましょう。

```
y_one_month_ago = y.copy()
y_one_month_ago.rename(columns={'order_weekday':'order_weekday_one_month_a
go',
                                'order_weekend':'order_weekend_one_month_a
go',
                                'year_month':'year_month_for_join'}, inpla
ce=True)
y = pd.merge(y, y_one_month_ago[['store_name', 'year_month_for_join',
                                 'order_weekday_one_month_ago', 'order_wee
kend_one_month_ago']],
                                 left_on=['store_name', 'one_month_ago'],
                                 right_on=['store_name','year_month_for_jo
in'], how='left')
y.loc[y['store_name']=='あきる野店']
```

206

ノック58：目的変数を作成しよう

■図6-17：1か月前のオーダー数の作成

```
In [16]: y_one_month_ago = y.copy()
         y_one_month_ago.rename(columns={'order_weekday':'order_weekday_one_month_ago',
                                         'order_weekend':'order_weekend_one_month_ago',
                                         'year_month':'year_month_for_join'}, inplace=True)
         y = pd.merge(y, y_one_month_ago[['store_name', 'year_month_for_join',
                                          'order_weekday_one_month_ago', 'order_weekend_one_month_ago']],
                      left_on=['store_name', 'one_month_ago'],
                      right_on=['store_name','year_month_for_join'], how='left')
         y.loc[y['store_name']=='あきる野店']
```

	store_name	year_month	order_weekday	order_weekend	one_month_ago	year_month_for_join	order_weekday_one_month_ago	order_weekend_one_month_ago
	あきる野店	201904	844	303	201903	NaN	NaN	NaN
	あきる野店	201905	883	302	201904	201904	844.0	303.0
	あきる野店	201906	764	384	201905	201905	883.0	302.0
	あきる野店	201907	882	308	201906	201906	764.0	384.0
	あきる野店	201908	835	343	201907	201907	882.0	308.0
	あきる野店	201909	802	347	201908	201908	835.0	343.0
	あきる野店	201910	880	309	201909	201909	802.0	347.0
	あきる野店	201911	796	341	201910	201910	880.0	309.0
	あきる野店	201912	844	345	201911	201911	796.0	341.0
	あきる野店	202001	881	305	201912	201912	844.0	345.0
	あきる野店	202002	762	344	202001	202001	881.0	305.0
	あきる野店	202003	839	347	202002	202002	762.0	344.0

　y_one_month_agoという結合用のデータを準備して、カラム名を変更しています。実行結果を見ると、1か月前のオーダー数が付与できているのが確認できます。2019年の4月は、2019年の3月のデータを受領していないので欠損しています。

　では最後に、欠損しているデータを除去した後に、今月と前月の引き算を行い、プラスになった場合は増えているので1を、マイナスの場合は減っているので0を付与します。

```
y.dropna(inplace=True)
y.loc[y['order_weekday'] - y['order_weekday_one_month_ago'] > 0, 'y_weekda
y'] = 1
y.loc[y['order_weekday'] - y['order_weekday_one_month_ago'] <= 0, 'y_weekd
ay'] = 0
y.loc[y['order_weekend'] - y['order_weekend_one_month_ago'] > 0, 'y_weeken
d'] = 1
y.loc[y['order_weekend'] - y['order_weekend_one_month_ago'] <= 0, 'y_weeke
nd'] = 0
y.head(3)
```

207

■図6-18:1か月前のオーダー数の作成

これで、目的変数の作成は完了です。続いて、説明変数と目的変数を紐づけて機械学習用のデータを仕上げます。

ノック59:
説明変数と目的変数を紐づけて機械学習用のデータを仕上げよう

作成した目的変数yと、説明変数として使用するstore_allの紐づけを行います。では、どのように、紐づけを行うべきでしょうか。単純にyear_monthで紐づけてしまって良いのでしょうか。

答えは、ノーです。予測を行う目的変数yは、1か月後のオーダー数です。目的変数yを考えた際、year_monthが2019年5月の場合、2019年5月にオーダー数が増えたということです。その場合、予測に使用できるのは2019年4月の実績です。つまり、目的変数と説明変数は1か月ずらしてあげる必要があるということです。これは**ノック58**で作成したone_month_agoがそのまま使えます。目的変数yの列名変更や絞り込みを行った後に結合を行います。列名は、year_monthをtarget_year_monthに変更します。

```
y.rename(columns={'year_month':'target_year_month'},inplace=True)
y = y[['store_name','target_year_month', 'one_month_ago', 'y_weekday', 'y_weekend']].copy()
ml_data = pd.merge(y, store_all, left_on=['store_name','one_month_ago'], right_on=['store_name','year_month'], how='left')
```

ノック59：説明変数と目的変数を紐づけて機械学習用のデータを仕上げよう

```
ml_data.head()
```

■図6-19：説明変数の結合

ノック59：説明変数と目的変数を紐づけて機械学習用のデータを仕上げよう

```
In [18]:  y.rename(columns={'year_month':'target_year_month'},inplace=True)
          y = y[['store_name','target_year_month', 'one_month_ago', 'y_weekday', 'y_weekend']].copy()
          ml_data = pd.merge(y, store_all, left_on=['store_name','one_month_ago'],
                             right_on=['store_name','year_month'], how='left')
          ml_data.head()
```

Out[18]:

	store_name	target_year_month	one_month_ago	y_weekday	y_weekend	order	order_fin	order_cancel	order_delivery	order_takeout	...	order_time_14	c
0	あきる野店	201905	201904	1.0	0.0	1147	945	202	841	306	...	101	
1	さいたま南店	201905	201904	1.0	1.0	1504	1217	287	1105	399	...	143	
2	さいたま緑店	201905	201904	1.0	1.0	1028	847	181	756	272	...	95	
3	さいたま西店	201905	201904	1.0	0.0	1184	980	204	852	332	...	117	
4	つくば店	201905	201904	1.0	1.0	1267	1058	209	928	339	...	102	

5 rows × 25 columns

　これで、説明変数と目的変数を1か月ずらした形で紐づけが行えました。説明変数側の年月であるyear_monthを当月とし、one_month_agoは混乱するので消してしまいましょう。併せて、target_year_monthも必要ないので除いてしまいます。

```
del ml_data["target_year_month"]
del ml_data["one_month_ago"]
ml_data.head()
```

■図6-20：不要な列の削除

```
In [19]:  del ml_data["target_year_month"]
          del ml_data["one_month_ago"]
          ml_data.head()
```

Out[18]:

	store_name	y_weekday	y_weekend	order	order_fin	order_cancel	order_delivery	order_takeout	order_weekday	order_weekend	...	order_time_14	order
0	あきる野店	1.0	0.0	1147	945	202	841	306	844	303	...	101	
1	さいたま南店	1.0	1.0	1504	1217	287	1105	399	1104	400	...	143	
2	さいたま緑店	1.0	1.0	1028	847	181	756	272	756	272	...	95	
3	さいたま西店	1.0	0.0	1184	980	204	852	332	870	314	...	117	
4	つくば店	1.0	1.0	1267	1058	209	928	339	936	331	...	102	

5 rows × 23 columns

209

第2部 機械学習システム
第6章 機械学習のためのデータ加工をする10本ノック

ノック60：
機械学習用データの確認を行い出力しよう

　最後に、機械学習用のデータの最終確認を行います。欠損値がないことを確認することと、目的変数の1と0の数を把握しておくことです。それではやってみましょう。

　まずは、欠損値からです。

```
ml_data.isna().sum()
```

■図6-21：欠損値の確認

　欠損値はないことが確認できました。今回のデータは、比較的綺麗なデータなので、もしここで欠損値が生じていたら、それは結合時のミスか、欠損値を落とすための**dropna**を書き忘れているのが原因だと思います。

　続いて、y_weekdayとy_weekendの0、1の数をそれぞれ表示します。

```
display(ml_data.groupby('y_weekday').count()[['store_name']])
display(ml_data.groupby('y_weekend').count()[['store_name']])
```

■図6-22：目的変数の数量確認

```
In [21]: display(ml_data.groupby('y_weekday').count()[['store_name']])
         display(ml_data.groupby('y_weekend').count()[['store_name']])
```

	store_name
y_weekday	
0.0	975
1.0	1170

	store_name
y_weekend	
0.0	1003
1.0	1142

若干、偏りはありますが、極端に0/1が多いデータではないですね。ここの偏りが多すぎるとモデルに少し工夫が必要ですので、早めに確認が必要です。

それでは、最後に出力しましょう。

```
ml_data.to_csv(os.path.join(output_dir, 'ml_base_data.csv'), index=False)
```

■図6-23：機械学習用データの出力

```
In [22]: ml_data.to_csv(os.path.join(output_dir, 'ml_base_data.csv'), index=False)
```

これで、機械学習用データの作成は完了です。

以上で、機械学習に向けたデータ加工に取り組んだ10本は終了となります。お疲れさまでした。実際には、説明変数として、過去1か月だけで良いのか、キャンセルのオーダー数等も平日/休日を分けて集計するべきではないか等、まだまだ検討する部分はあります。ここでは、例題としてかなり雑な説明変数を作成しましたが、実際のプロジェクトでは、様々な説明変数を作る必要があります。試行錯誤しながら、データに合った説明変数を見つけていくのが良いと思います。次章ではモデルの構築を実施していきます。

第7章
機械学習モデルを
構築する10本ノック

　第6章で、機械学習の設計からデータ加工までを実施しました。これで、ようやく機械学習モデルの構築に入るための下準備が整いました。

　しかしながら、本章でも最初の3本は、まだデータの準備が続きます。ノック64からは、いよいよモデル構築に入っていきます。モデル構築は、色々なアルゴリズムを用いて構築したり、今回のような平日/休日モデルなどの複数モデルを作成したりすることが多いです。本章でも複数のアルゴリズムやモデルを構築します。ただ、最初から複数モデルを作るのではなく、1つのモデルで評価などの基本的な機能を作った後に、複数モデルを一気に構築する流れです。何事も、まずはシンプルなところから始めて、徐々に複雑にしていきましょう。

ノック61：フォルダ生成をして機械学習用データを読み込もう
ノック62：カテゴリカル変数の対応をしよう
ノック63：学習データとテストデータを分割しよう
ノック64：1つのモデルを構築しよう
ノック65：評価を実施してみよう
ノック66：モデルの重要度を確認してみよう
ノック67：モデル構築から評価までを関数化しよう
ノック68：モデルファイルや評価結果を出力しよう
ノック69：アルゴリズムを拡張して多角的な評価を実施しよう
ノック70：平日/休日モデルを一度で回せるようにしよう

第2部 機械学習システム
第7章 機械学習モデルを構築する10本ノック

 あなたの状況

あなたは、機械学習を用いたプロジェクトをスタートしました。課題設定としては、ピザを提供するまでの時間を短くするための施策をサポートする情報を提供することです。そこで、今月の注文データから来月のオーダー数が増加するのか減少するのかを予測するモデルを作成することにしました。まずは、データ加工を終え、いよいよ機械学習モデルの構築に取り組むところです。

前提条件

今回のデータは、第6章で注文データや各種マスタデータからデータ加工して作成した機械学習用データのml_base_data.csvのみです。

▪表7-1：データ一覧

No.	ファイル名	概要
1	ml_base_data.csv	第6章で作成した機械学習用データ。

 **ノック61：
フォルダ生成をして機械学習用データを
読み込もう**

前回と同様、どのようなフォルダ構成にしていくかを考えましょう。今回はデータが多くないので悩むことはありませんね。基本の構成である、インプットデータとデータ加工後のアウトプットデータのみでやっていきましょう。今回は、既にマスタデータが結合されているので、マスタフォルダは必要ありません。では、フォルダ作成を行いましょう。

```
import os
data_dir = 'data'
input_dir = os.path.join(data_dir, '0_input')
output_dir = os.path.join(data_dir, '1_output')
os.makedirs(input_dir,exist_ok=True)
```

```
os.makedirs(output_dir,exist_ok=True)
```

■図7-1：フォルダ作成

　フォルダが作成できたのを確認したら、今回使うデータを配置しましょう。0_inputデータに、ml_base_data.csvを格納します。そのまま続いて、データの読み込みを行います。

```
import pandas as pd
ml_data_file = 'ml_base_data.csv'
ml_data = pd.read_csv(os.path.join(input_dir, ml_data_file))
ml_data.head(3)
```

■図7-2：機械学習用データの読み込み

　ここまでは、基本的なところなので、難しいことはありませんね。では、ここから、機械学習に投入する前の最後の加工に移っていきます。

ノック62：
カテゴリカル変数の対応をしよう

　機械学習はあくまでも数値を扱うものです。そのため、store_nameのようなカテゴリー分けを表す**カテゴリカル変数**はどのように扱うべきなのでしょうか。

カテゴリカル変数は、ある特定のカテゴリーに属していたら1のフラグを立てる形式が一般的です。このようなデータの表現方法を**ワンホットエンコーディング**と言います。やってみるとイメージが湧くかと思います。

```
category_data = pd.get_dummies(ml_data['store_name'], prefix='store' ,prefix_sep='_')
display(category_data.head(3))
```

■**図7-3：ワンホットエンコーディング**

　pandasの**get_dummies**を使えば簡単にワンホットエンコーディングができます。これで、カテゴリカル変数を数字として扱うことができます。では、元のデータに結合していくのですが、カテゴリカル変数は、1列消すことが一般的です。

　今回は、「store_麻生店」列を削除しましょう。なぜ削除しても問題ないかというと、もしすべてのフラグが0だった場合、それは麻生店であることが情報として特定できるからです。そのため、今回のカテゴリカル変数のように、必ずどこかに属す場合は、1列除外するのが一般的なのです（**多重共線性**の防止）。

　また、元のデータに結合する際に、ワンホットエンコーディングする前の変数であるstore_nameと数字に意味を持たないyear_monthを削除しましょう。year_monthもカテゴリカル変数なので、ワンホットエンコーディングして持たせても問題ありませんが、本書では除いておきます。

```
del category_data['store_麻生店']
del ml_data['year_month']
del ml_data['store_name']
ml_data = pd.concat([ml_data, category_data],axis=1)
ml_data.columns
```

ノック63：学習データとテストデータを分割しよう

図7-4：カテゴリカル変数の結合

```
[6]:  del category_data['store_麻生店']
      del ml_data['year_month']
      del ml_data['store_name']
      ml_data = pd.concat([ml_data, category_data],axis=1)
      ml_data.columns
[6]:  Index(['y_weekday', 'y_weekend', 'order', 'order_fin', 'order_cancel',
             'order_delivery', 'order_takeout', 'order_weekday', 'order_weekend',
             'order_time_11',
             ...
             'store_駒沢店', 'store_駒込店', 'store_南円寺店', 'store_南島平店', 'store_南碕店',
             'store_南麻店', 'store_南麻里店', 'store_南田馬場店', 'store_浦草店', 'store_鶴見店'],
            dtype='object', length=215)
```

これで、カテゴリカル変数の対応は完了しました。これを第6章で行わなかっ
たのは、ワンホットエンコーディングをしてしまうと、情報としてわかりにくく、
他で使いたい場合に使いにくいデータになってしまうからです。そのため、機械
学習に投入する直前で対応することが多いです。

ノック63：
学習データとテストデータを分割しよう

まず、機械学習モデルを構築する前の最後の準備です。その準備は、学習デー
タとテストデータに**分割**することです。機械学習とは、未知なデータに対応させ
るのが目的です。そのため、全データをモデル構築に使用してしまうと、そのモ
デルが未知なデータに対応できるかを評価できなくなってしまいます。未知なデー
タに対応できるモデルが汎用的な良いモデルと言われ、**汎化性能**が高いと表現さ
れます。

では、学習データとテストデータに分割してみましょう。学習データとテスト
データの比率は、7：3にしておきましょう。この比率に正解はなく、試行錯誤
をする要素の1つですが、75：25や7：3、8：2あたりがよく使われます。また、
2分割だと、分け方によって精度に差が出てくる可能性があります。特に、サン
プル数が少ない場合には顕著で、その場合、**交差検証**などの分割手法で正しく精
度を検証するのが重要です。

学習データとテストデータの分割は**scikit-learn**を使うと1行でできてしま
います。その際に、**乱数種**を固定させるのを忘れないようにしましょう。併せて、
データ件数をそれぞれ確認します。今回は、weekdayモデルと、weekendモ
デルの2つがあるので、2つとも件数を出力してみましょう。

217

第2部 機械学習システム
第7章 機械学習モデルを構築する10本ノック

```python
from sklearn.model_selection import train_test_split

train_data, test_data = train_test_split(ml_data, test_size=0.3, random_state=0)

print(f'Train：{len(train_data)}件/ Test:{len(test_data)}')

print(f'Weekday Train0：{len(train_data.loc[train_data["y_weekday"]==0])}件')

print(f'Weekday Train1：{len(train_data.loc[train_data["y_weekday"]==1])}件')

print(f'Weekday Test0：{len(test_data.loc[test_data["y_weekday"]==0])}件')
print(f'Weekday Test1：{len(test_data.loc[test_data["y_weekday"]==1])}件')

print(f'Weekend Train0：{len(train_data.loc[train_data["y_weekend"]==0])}件')

print(f'Weekend Train1：{len(train_data.loc[train_data["y_weekend"]==1])}件')

print(f'Weekend Test0：{len(test_data.loc[test_data["y_weekend"]==0])}件')
print(f'Weekend Test1：{len(test_data.loc[test_data["y_weekend"]==1])}件')
```

■図7-5：学習データとテストデータの分割

　これで、学習データとテストデータが分割でき、機械学習のモデル構築に向けたデータ準備は全部終了です。次は、説明変数と目的変数に分けた後、モデル構築をやっていきましょう。

218

ノック64：1つのモデルを構築しよう

⚾ ノック64：
1つのモデルを構築しよう

では、目的変数をy_weekdayに設定し、Weekdayモデルを構築してみましょう。まずは、説明変数Xと、目的変数yの設定です。

```
X_cols = list(train_data.columns)
X_cols.remove('y_weekday')
X_cols.remove('y_weekend')
target_y = 'y_weekday'
y_train = train_data[target_y]
X_train = train_data[X_cols]
y_test = test_data[target_y]
X_test = test_data[X_cols]
display(y_train.head(3))
display(X_train.head(3))
```

■図7-6：説明変数、目的変数の作成

train_dataの列名を取得し、説明変数の変数として設定しました。その後、train_data、test_data、それぞれ、X、yを作成します。

続いて**モデル構築**を行っていきます。まずは、オーソドックスな**決定木**モデルを構築してみましょう。

```
from sklearn.tree import DecisionTreeClassifier
```

219

```
model = DecisionTreeClassifier(random_state=0)
model.fit(X_train, y_train)
```

■図7-7：決定木モデルの構築

拍子抜けするほど簡単ですね。モデルを定義して、**fit**するだけでモデルが構築されます。モデルを定義する際に、乱数種があるモデルは固定するのを忘れないようにしましょう。

ノック65：
評価を実施してみよう

モデル構築ができたら、次は評価です。まずは、構築したモデルで、**予測**を行ってみましょう。

```
y_pred_train = model.predict(X_train)
y_pred_test = model.predict(X_test)
y_pred_test
```

■図7-8：構築したモデルでの予測結果

予測も、model.predictだけで構築したモデルでの予測結果を取得できます。出力してみると、1もしくは0となっていますが、1はWeekdayのオーダー数が増加すると予測したわけです。

ノック65：評価を実施してみよう

　では、続いて数字で評価をしていきます。

　評価の数字としてオーソドックスなのは、**正解率**、**F値**、**再現率**、**適合率**です。これらは**混同行列**を書くと理解しやすいです。混同行列は、**図7-9**のように、モデルが0/1を予測した、実際の分類が0/1の**4象限マトリックス**となります。予測されたデータは、必ずこのどこかに位置します。正解率は、全部の合計の内、正解しているTNとTPの合計となります。つまり、(TN+TP)/(TN+FP+FN+TP)ということです。再現率は、実際に1だった数の内、どの程度予測できていたかです。つまり、(TP)/(FN+TP)となります。適合率は、1と予測した件数のうち、どの程度予測できていたかです。つまり、(TP)/(FP+TP)となります。F値は、再現率と適合率の調和平均となります。

■**図7-9：混同行列について**

　まずは、正解率、F値、再現率、適合率を計算してみましょう。

```
from sklearn.metrics import accuracy_score, f1_score, recall_score, precis
ion_score,confusion_matrix
acc_train = accuracy_score(y_train, y_pred_train)
acc_test = accuracy_score(y_test, y_pred_test)
f1_train = f1_score(y_train, y_pred_train)
f1_test = f1_score(y_test, y_pred_test)
```

第2部 機械学習システム
第7章 機械学習モデルを構築する10本ノック

```
recall_train = recall_score(y_train, y_pred_train)
```

```
recall_test = recall_score(y_test, y_pred_test)
```

```
precision_train = precision_score(y_train, y_pred_train)
```

```
precision_test = precision_score(y_test, y_pred_test)
```

```
print(f'【正解率】Train：{round(acc_train,2)} Test：{round(acc_test, 2)}')
```

```
print(f'【F値】Train：{round(f1_train,2)} Test：{round(f1_test, 2)}')
```

```
print(f'【再現率】Train：{round(recall_train,2)} Test：{round(recall_test,
2)}')
```

```
print(f'【適合率】Train：{round(precision_train,2)} Test：{round(precisio
n_test, 2)}')
```

■図7-10：時間帯別オーダー数の集計

```
[11]: from sklearn.metrics import accuracy_score, f1_score, recall_score, precision_score,confusion_matrix
      acc_train = accuracy_score(y_train, y_pred_train)
      acc_test = accuracy_score(y_test, y_pred_test)
      f1_train = f1_score(y_train, y_pred_train)
      f1_test = f1_score(y_test, y_pred_test)
      recall_train = recall_score(y_train, y_pred_train)
      recall_test = recall_score(y_test, y_pred_test)
      precision_train = precision_score(y_train, y_pred_train)
      precision_test = precision_score(y_test, y_pred_test)
      print(f' 【正解率】Train：{round(acc_train,2)} Test：{round(acc_test, 2)}')
      print(f' 【F値】Train：{round(f1_train,2)} Test：{round(f1_test, 2)}')
      print(f' 【再現率】Train：{round(recall_train,2)} Test：{round(recall_test,2)}')
      print(f' 【適合率】Train：{round(precision_train,2)} Test：{round(precision_test, 2)}')

      【正解率】Train：1.0 Test：0.82
      【F値】Train：1.0 Test：0.84
      【再現率】Train：1.0 Test：0.82
      【適合率】Train：1.0 Test：0.86
```

　scikit-learnの**metrics**を使用すると簡単に算出できます。学習とテストデータの結果を出力すると、すべての指標において、学習が1.0、つまり100%の精度が出ていることになります。一方で、テストデータでは、80%台であることがわかります。これは、学習データに適合し過ぎている状態で、この状態を**過学習**と呼びます。これだと、未知のデータに対応できないモデルとなっています。過学習モデルより、学習データの精度が低くても、学習データとテストデータの精度の差が小さい方が良いモデルになります。

　後で、他のアルゴリズムも試すので、このまま次にいきましょう。続いて、混同行列を出力してみます。

```
print(confusion_matrix(y_train, y_pred_train))
```

```
print(confusion_matrix(y_test, y_pred_test))
```

ノック65：評価を実施してみよう

■図7-11：混同行列の表示

```
[14]:  print(confusion_matrix(y_train, y_pred_train))
       print(confusion_matrix(y_test, y_pred_test))

       [[685   0]
        [  0 816]]
       [[241  49]
        [ 64 290]]
```

　こちらも、scikit-learnのmetricsを使用して簡単に出力できます。やはり、学習データでは、FPやFNが0となっており、全部正解しており、過学習であることを再確認できました。混同行列も重要な指標になるので、TN、FP、FN、TPを取り出せる形にしておきましょう。

```
tn_train, fp_train, fn_train, tp_train = confusion_matrix(y_train, y_pred_
train).ravel()
tn_test, fp_test, fn_test, tp_test = confusion_matrix(y_test, y_pred_tes
t).ravel()
print(f'【混同行列】Train：{tn_train}, {fp_train}, {fn_train}, {tp_trai
n}')
print(f'【混同行列】Test：{tn_test}, {fp_test}, {fn_test}, {tp_test}')
```

■図7-12：混同行列データの格納

```
[23]:  tn_train, fp_train, fn_train, tp_train = confusion_matrix(y_train, y_pred_train).ravel()
       tn_test, fp_test, fn_test, tp_test = confusion_matrix(y_test, y_pred_test).ravel()
       print(f'【混同行列】 Train: {tn_train}, {fp_train}, {fn_train}, {tp_train}')
       print(f'【混同行列】 Test: {tn_test}, {fp_test}, {fn_test}, {tp_test}')

       【混同行列】Train : 685, 0, 0, 816
       【混同行列】Test : 241, 49, 64, 290
```

　では、最後に、これまで算出した精度指標をすべて、データフレームにしておきましょう。

```
score_train = pd.DataFrame({'DataCategory':['train'],'acc':[acc_train],'f1
':[f1_train], 'recall':[recall_train],'precision':[precision_train], 'tp':
[tp_train],'fn':[fn_train],'fp':[fp_train],'tn':[tn_train]})
score_test = pd.DataFrame({'DataCategory':['test'], 'acc':[acc_test],'f1':
[f1_test], 'recall':[recall_test],'precision':[precision_test], 'tp':[tp_t
est],'fn':[fn_test],'fp':[fp_test],'tn':[tn_test]})
score = pd.concat([score_train,score_test], ignore_index=True)
score
```

223

■図7-13：精度指標のデータ化

　これで、評価部分も作成できました。続いて、構築したモデルが、どの変数が重要だと捉えているのかを見てみましょう。

ノック66：
モデルの重要度を確認してみよう

　決定木等の**木系アルゴリズム**は、feature_importancesを使うと、構築したモデルに寄与している変数が取得できます。データフレームに格納し、**重要度**の高い順に並べて上位10件を表示してみましょう。

```
importance = pd.DataFrame({'cols':X_train.columns, 'importance':model.feature_importances_})
importance = importance.sort_values('importance', ascending=False)
importance.head(10)
```

■図7-14：モデルの重要度

　上位には、平日/休日の前月のオーダー数関連に加えて、delta_avgも寄与しています。これは、仮説通り、ピザを提供するまでの時間が、オーダー数の増減に寄与していることを示しています。
　ここまでで、モデル構築やモデル構築する際に必要な評価等の機能は一通り作成することができました。大分、イメージがついてきたのではないでしょうか。

ノック67：
モデル構築から評価までを関数化しよう

　それでは、ここからは、アルゴリズムやモデルを複数構築できる仕組み作りを進めていきます。まずは、これまでと同様に、モデル構築から評価までを関数化してしまいましょう。その際に、modelは、引数として渡すようにしましょう。そうすることで、モデルの定義を関数の外でやることができるので、拡張性が高くなります。また、1点だけ追加が必要なのは、機械学習モデルに投入する直前の説明変数の列名です。これを作成しておくことで、構築したモデルで新規データを予測する時に、列名を正確に指定できます。では、これまでのノックを参考に、関数化しましょう。

```python
def make_model_and_eval(model, X_train, X_test, y_train, y_test):
    model.fit(X_train, y_train)
    y_pred_train = model.predict(X_train)
    y_pred_test = model.predict(X_test)

    acc_train = accuracy_score(y_train, y_pred_train)
    acc_test = accuracy_score(y_test, y_pred_test)
    f1_train = f1_score(y_train, y_pred_train)
    f1_test = f1_score(y_test, y_pred_test)
    recall_train = recall_score(y_train, y_pred_train)
    recall_test = recall_score(y_test, y_pred_test)
    precision_train = precision_score(y_train, y_pred_train)
    precision_test = precision_score(y_test, y_pred_test)
    tn_train, fp_train, fn_train, tp_train = confusion_matrix(y_train, y_pred_train).ravel()
    tn_test, fp_test, fn_test, tp_test = confusion_matrix(y_test, y_pred_test).ravel()
    score_train = pd.DataFrame({'DataCategory':['train'],'acc':[acc_train],'f1':[f1_train], 'recall':[recall_train],'precision':[precision_train],'tp':[tp_train],'fn':[fn_train],'fp':[fp_train],'tn':[tn_train]})
    score_test = pd.DataFrame({'DataCategory':['test'], 'acc':[acc_test],'f1':[f1_test], 'recall':[recall_test],'precision':[precision_test], 'tp':[tp_test],'fn':[fn_test],'fp':[fp_test],'tn':[tn_test]})
    score = pd.concat([score_train,score_test], ignore_index=True)
```

第2部 機械学習システム
第7章 機械学習モデルを構築する10本ノック

```
importance = pd.DataFrame({'cols':X_train.columns, 'importance':model.
feature_importances_})
```

```
importance = importance.sort_values('importance', ascending=False)
```

```
cols = pd.DataFrame({'X_cols':X_train.columns})
```

```
display(score)
```

```
return score, importance, model, cols
```

■図7-15：モデル構築から評価までの関数

ノック67：モデル構築から評価までを関数化しよう

```python
def make_model_and_eval(model, X_train, X_test, y_train, y_test):
    model.fit(X_train, y_train)
    y_pred_train = model.predict(X_train)
    y_pred_test = model.predict(X_test)

    acc_train = accuracy_score(y_train, y_pred_train)
    acc_test = accuracy_score(y_test, y_pred_test)
    f1_train = f1_score(y_train, y_pred_train)
    f1_test = f1_score(y_test, y_pred_test)
    recall_train = recall_score(y_train, y_pred_train)
    recall_test = recall_score(y_test, y_pred_test)
    precision_train = precision_score(y_train, y_pred_train)
    precision_test = precision_score(y_test, y_pred_test)
    tn_train, fp_train, fn_train, tp_train = confusion_matrix(y_train, y_pred_train).ravel()
    tn_test, fp_test, fn_test, tp_test = confusion_matrix(y_test, y_pred_test).ravel()
    score_train = pd.DataFrame({'DataCategory':['train'],'acc':[acc_train],'f1':[f1_train],
                                'recall':[recall_train],'precision':[precision_train],
                                'tp':[tp_train],'fn':[fn_train],'fp':[fp_train],'tn':[tn_train]})
    score_test = pd.DataFrame({'DataCategory':['test'], 'acc':[acc_test],'f1':[f1_test],
                               'recall':[recall_test],'precision':[precision_test],
                               'tp':[tp_test],'fn':[fn_test],'fp':[fp_test],'tn':[tn_test]})
    score = pd.concat([score_train,score_test], ignore_index=True)
    importance = pd.DataFrame({'cols':X_train.columns, 'importance':model.feature_importances_})
    importance = importance.sort_values('importance', ascending=False)
    cols = pd.DataFrame({'X_cols':X_train.columns})
    display(score)
    return score, importance, model, cols
```

　基本的には、これまでのノックの組み合わせになりますが、下から3行目の
colsの部分は違います。X_trainをモデルに投入しているので、その列名を取得
しています。
　では、先ほどと同じデータ、同じ決定木モデルを渡して、まったく同じ結果に
なるか確認しましょう。

```
model = DecisionTreeClassifier(random_state=0)
```

```
score, importance, model, cols = make_model_and_eval(model, X_train, X_tes
t, y_train, y_test)
```

■図7-16：関数を使用した決定木モデルの構築および評価

```
In [24]: model = DecisionTreeClassifier(random_state=0)
         score, importance, model, cols = make_model_and_eval(model, X_train, X_test, y_train, y_test)
```

	DataCategory	acc	f1	recall	precision	tp	fn	fp	tn
0	train	1.000000	1.000000	1.000000	1.000000	816	0	0	685
1	test	0.824534	0.836941	0.819209	0.855457	290	64	49	241

ノック65の結果と全く同じになっていることが確認できましたので、関数は正確に動作していることがわかりました。では、次ノックでこれらの評価結果や構築したモデルを出力しましょう。

ノック68: モデルファイルや評価結果を出力しよう

モデル構築は、試行錯誤が多いため、何度も評価結果やモデルファイルを出力することが多いです。そのため、上書きしてしまわないような工夫が必要です。ここでは、現在時刻を取得し、フォルダ名に加えることで上書きされてしまうのを防ぎましょう。

```
import datetime
now = datetime.datetime.now().strftime("%Y%m%d%H%M%S")
target_output_dir_name = 'results_' + now
target_output_dir = os.path.join(output_dir, target_output_dir_name)
os.makedirs(target_output_dir, exist_ok=True)
print(target_output_dir)
```

図7-17：出力フォルダの作成

次に、評価結果とモデルファイルの出力です。評価結果は、これまで通り、csv等のファイルにしておけば問題ないでしょう。モデルファイルは、**pickle**を使って保存を行うことで、新規予測時にロードして使用することができます。ではやってみましょう。

```
score_name = 'score.csv'
importance_name = 'importance.csv'
cols_name = 'X_cols.csv'
model_nema = 'model.pickle'
```

```
score_path = os.path.join(target_output_dir, score_name)
importance_path = os.path.join(target_output_dir, importance_name)
cols_path = os.path.join(target_output_dir, cols_name)
model_path = os.path.join(target_output_dir, model_nema)

score.to_csv(score_path, index=False)
importance.to_csv(importance_path, index=False)
cols.to_csv(cols_path, index=False)
import pickle
with open(model_path, mode='wb') as f:
    pickle.dump(model, f, protocol=2)
```

■ 図7-18：評価結果とモデルファイルの出力

　score、importance、colsの3つをcsvで保存しています。また、**pickle.dump**を用いて、モデルファイルを保存しています。

ノック69：
アルゴリズムを拡張して多角的な評価を実施しよう

　ここまでで、出力機構も作成できました。次は、複数のアルゴリズムを一度で回せるように工夫していきましょう。アルゴリズムを1つしか使わないことは非常に稀で、基本的には複数のアルゴリズムを試して、評価により最適なアルゴリズムを選定していきます。

　本書では、木系アルゴリズムである**ランダムフォレスト**と**勾配ブースティング**（**Gradient Boosting**）を使用します。細かい説明は省きますが、どちらも**アンサンブル学習**と言われるもので、決定木を複数作成し、その結果を上手く組み合

わせてモデル化するアルゴリズムです。これまでのノックでやってきた一般的な
決定木よりは精度が高くなることが多いです。これらのアルゴリズムは、dict型
で定義し、for文で対応していきます。そのため、model_name等を列として追
加するのを忘れないようにしましょう。これまでやったことを思い出しながら、
組み合わせていきましょう。

```python
from sklearn.ensemble import RandomForestClassifier, GradientBoostingClass
ifier
```

```python
models = {'tree': DecisionTreeClassifier(random_state=0), 'RandomForest':R
andomForestClassifier(random_state=0), 'GradientBoostingClassifier':Gradie
ntBoostingClassifier(random_state=0)}
```

```python
now = datetime.datetime.now().strftime("%Y%m%d%H%M%S")
target_output_dir_name = 'results_' + now
target_output_dir = os.path.join(output_dir, target_output_dir_name)
os.makedirs(target_output_dir, exist_ok=True)
print(target_output_dir)
```

```python
score_all = []
importance_all = []
for model_name, model in models.items():
    print(model_name)
    score, importance, model, cols = make_model_and_eval(model, X_train,
X_test, y_train, y_test)
    score['model_name'] = model_name
    importance['model_name'] = model_name

    model_nema = f'model_{model_name}.pickle'
    model_path = os.path.join(target_output_dir, model_nema)
    with open(model_path, mode='wb') as f:
        pickle.dump(model, f, protocol=2)
    score_all.append(score)
    importance_all.append(importance)
score_all = pd.concat(score_all, ignore_index=True)
```

第2部 機械学習システム
第7章 機械学習モデルを構築する10本ノック

```python
importance_all = pd.concat(importance_all, ignore_index=True)
cols = pd.DataFrame({'X_cols':X_train.columns})


score_name = 'score.csv'
importance_name = 'importance.csv'
cols_name = 'X_cols.csv'
score_path = os.path.join(target_output_dir, score_name)
importance_path = os.path.join(target_output_dir, importance_name)
cols_path = os.path.join(target_output_dir, cols_name)
score_all.to_csv(score_path, index=False)
importance_all.to_csv(importance_path, index=False)
cols.to_csv(cols_path, index=False)
```

■図7-19：複数アルゴリズムでのモデル構築

　処理は、モデルの定義、フォルダの作成、モデル構築、評価を行い出力という
シンプルな流れで、コードが長いように見えますが、あまり難しく感じないので
はないでしょうか。scoreやimportanceは、model_name列を追加し、ユニ
オンしてもデータが混ざらないようにしています。**図7-20**は**図7-19**の続きで
すが、モデルの精度にフォーカスして一覧で表示しています。

230

■図7-20：複数モデルでの評価結果

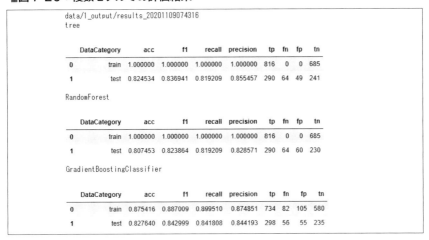

　この結果を見ると、決定木もランダムフォレストも過学習です。それとは対照的に、勾配ブースティングは、過学習が大きく緩和されており、最も有効なモデルだと考えられます。

　本来であれば、決定木もmax_depthを調整するなどすると過学習がなくなり精度の向上もあり得ますので、さらに多角的な視点を意識すると良いでしょう。

ノック70：
平日/休日モデルを一度で回せるようにしよう

　最後に、平日/休日モデルを構築します。**ノック69**と同じようなことを意識すれば問題ありません。それは、データをユニオンする際にデータが混じらないようにすることです。早速やってみましょう。

```
X_cols = list(train_data.columns)
X_cols.remove('y_weekday')
X_cols.remove('y_weekend')
targets_y = ['y_weekday', 'y_weekend']
```

第2部 機械学習システム
第7章 機械学習モデルを構築する10本ノック

```python
now = datetime.datetime.now().strftime("%Y%m%d%H%M%S")
target_output_dir_name = 'results_' + now
target_output_dir = os.path.join(output_dir, target_output_dir_name)
os.makedirs(target_output_dir,exist_ok=True)
print(target_output_dir)


score_all = []
importance_all = []


for target_y in targets_y:
    y_train = train_data[target_y]
    X_train = train_data[X_cols]
    y_test = test_data[target_y]
    X_test = test_data[X_cols]


    models = {'tree': DecisionTreeClassifier(random_state=0), 'RandomFores
t':RandomForestClassifier(random_state=0), 'GradientBoosting':GradientBoos
tingClassifier(random_state=0)}


    for model_name, model in models.items():
        print(model_name)
        score, importance, model, cols = make_model_and_eval(model, X_trai
n, X_test, y_train, y_test)
        score['model_name'] = model_name
        importance['model_name'] = model_name
        score['model_target'] = target_y
        importance['model_target'] = target_y


        model_nema = f'model_{target_y}_{model_name}.pickle'
        model_path = os.path.join(target_output_dir, model_nema)
        with open(model_path, mode='wb') as f:
            pickle.dump(model, f, protocol=2)
        score_all.append(score)
        importance_all.append(importance)
```

ノック70：平日/休日モデルを一度で回せるようにしよう

```
score_all = pd.concat(score_all, ignore_index=True)

importance_all = pd.concat(importance_all, ignore_index=True)

cols = pd.DataFrame({'X_cols':X_train.columns})


score_name = 'score.csv'

importance_name = 'importance.csv'

cols_name = 'X_cols.csv'

score_path = os.path.join(target_output_dir, score_name)

importance_path = os.path.join(target_output_dir, importance_name)

cols_path = os.path.join(target_output_dir, cols_name)

score_all.to_csv(score_path, index=False)

importance_all.to_csv(importance_path, index=False)

cols.to_csv(cols_path, index=False)
```

■図7-21：平日/休日モデルの構築

　ノック69と同じ流れとなっています。では、これらの**モデル評価**を行ってい
きましょう。先ほどと同様に、勾配ブースティングが最も良い精度となるのでしょ
うか。

第2部 機械学習システム
第7章 機械学習モデルを構築する10本ノック

次のコードを、1つのセルに書き込んで、順番に実行してみましょう。

```
score_all.loc[score_all['model_target']=='y_weekday']
```

```
score_all.loc[score_all['model_target']=='y_weekend']
```

■図7-22：平日/休日モデルの評価

```
[20]:  score_all.loc[score_all['model_target']=='y_weekday']
```

	DataCategory	acc	f1	recall	precision	tp	fn	fp	tn	model_name	model_target
0	train	1.000000	1.000000	1.000000	1.000000	816	0	0	685	tree	y_weekday
1	test	0.824534	0.836941	0.819209	0.855457	290	64	49	241	tree	y_weekday
2	train	1.000000	1.000000	1.000000	1.000000	816	0	0	685	RandomForest	y_weekday
3	test	0.807453	0.823864	0.819209	0.828571	290	64	60	230	RandomForest	y_weekday
4	train	0.875416	0.887009	0.899510	0.874821	734	82	105	580	GradientBoosting	y_weekday
5	test	0.827640	0.842999	0.841808	0.844193	298	56	55	235	GradientBoosting	y_weekday

```
[21]:  score_all.loc[score_all['model_target']=='y_weekend']
```

	DataCategory	acc	f1	recall	precision	tp	fn	fp	tn	model_name	model_target
6	train	1.000000	1.000000	1.000000	1.000000	793	0	0	708	tree	y_weekend
7	test	0.718944	0.738061	0.730659	0.745614	255	94	87	208	tree	y_weekend
8	train	1.000000	1.000000	1.000000	1.000000	793	0	0	708	RandomForest	y_weekend
9	test	0.793478	0.804699	0.785100	0.825301	274	75	58	237	RandomForest	y_weekend
10	train	0.854763	0.855629	0.814628	0.900976	646	147	71	637	GradientBoosting	y_weekend
11	test	0.809006	0.815592	0.779370	0.855346	272	77	46	249	GradientBoosting	y_weekend

やはり、weekday、weekendモデルどちらにおいても勾配ブースティングが高いことがわかります。ここまでくると、このデータの場合は勾配ブースティングを採用して良さそうです。

では、次に、勾配ブースティングモデルの重要度の高い変数は何でしょうか。weekdayだけ調べてみましょう。

```
importance_all.loc[(importance_all['model_target']=='y_weekday')&
                   (importance_all['model_name']=='GradientBoosting')].hea
d(10)
```

234

ノック70：平日/休日モデルを一度で回せるようにしよう

■ 図7-23：重要度の高い変数の出力

勾配ブースティングでも決定木の時と同様、平日/休日の前月のオーダー数関連に加えて、delta_avgが寄与していることがわかります。

これで、機械学習モデルの構築評価は終了です。1つのモデルから始まり、一通りの機能を作成したあと、徐々にアルゴリズムや複数モデルの拡張を行ってきました。何事も最初はシンプルなところから始めるというイメージが湧いたのではないでしょうか。次章では、新規データの予測を行います。

第8章
構築した機械学習モデルで新規データを予測する10本ノック

　第6章では、機械学習に向けたデータ加工、第7章では、機械学習モデルの構築を実施しました。本章では、新規データ予測の仕組を作成します。これまでの苦労は、全部新規データを予測するためにあったのです。

　ここでは、注文データが更新されることを想定して仕組を作成します。まずは、これまで用いてきた2019年度のデータを使用し、新規データ予測を行いましょう。

　新規データで予測を行う場合、注文データの加工から始まります。データ加工が完了したら、モデルによる予測を行い、現場へのレポーティングまでがゴールです。長い100本ノックも終盤に差し掛かって来ています。今までやってきたことを思い出しながら進めていきましょう。

　ノック71：フォルダ生成をしてデータ読み込みの準備をしよう
　ノック72：予測したい新規データを読み込もう
　ノック73：新規データを店舗別で集計しよう
　ノック74：新規データのカテゴリカル変数対応をしよう
　ノック75：モデルに投入する直前の形式に整えよう
　ノック76：モデルファイルを読み込んでみよう
　ノック77：新規データの予測をしてみよう
　ノック78：予測結果のヒートマップを作成してみよう
　ノック79：実績データを作成しよう
　ノック80：現場に向けたレポートを作成し出力しよう

あなたの状況

機械学習のモデル構築が完了し、次はいよいよ新規データ予測になります。まずは、新規データ予測の流れを作り切るために、2020年3月の注文データを新規データに見立てて新規データ予測を行います。

前提条件

今回使用するデータは、第6章の注文データや各種マスタデータ、第7章で作成したモデルファイルになります。

表8-1：データ一覧

No.	ファイル名	概要
1	m_area.csv	地域マスタ。都道府県情報等。
2	m_store.csv	店舗マスタ。店舗名等。
3	tbl_order_202003.csv	注文データ。 本章では新規データとして利用。
4-1	model_y_weekday_GradientBoosting.pickle	第7章で作成したモデルファイル。 平日予測用モデル。
4-2	model_y_weekend_GradientBoosting.pickle	第7章で作成したモデルファイル。 休日予測用モデル。
5	X_cols.csv	第7章で作成したモデルの 説明変数名一覧。

ノック71：
フォルダ生成をしてデータ読み込みの準備をしよう

初めに考えることはなんでしょうか。まずは、どのようなフォルダ構成にするかですね。今回は、インプットデータとデータ加工後のアウトプットデータは必要です。また、第7章とは違い、マスタデータを加工で使用するのでマスタフォルダが必要です。さらに、今回は、第7章で作成したモデルファイル等を格納するモデルフォルダが必要です。モデルフォルダは、データフォルダやソースファ

イル（.ipynbファイル）と同じ階層にしましょう。では、早速作成してみます。

```
import os
data_dir = 'data'
input_dir = os.path.join(data_dir, '0_input')
output_dir = os.path.join(data_dir, '1_output')
master_dir = os.path.join(data_dir, '99_master')
model_dir = 'models'
os.makedirs(input_dir,exist_ok=True)
os.makedirs(output_dir,exist_ok=True)
os.makedirs(master_dir,exist_ok=True)
os.makedirs(model_dir,exist_ok=True)
```

■図8-1：フォルダ作成

　フォルダが作成できたのを確認したら、今回使うデータを配置しましょう。配置するフォルダが多いので、確認しながら間違えないように配置しましょう。0_inputデータに、tbl_order_202003.csvを格納します。99_masterには、m_area.csv、m_store.csvデータを格納していきます。さらに、モデルファイルであるmodel_y_weekday_GradientBoosting.pickle、model_y_weekend_GradientBoosting.pickleと、列名ファイルであるX_cols.csvをmodelsフォルダに格納します。
　これで、準備が整いました。早速、データの読み込みを行っていきましょう。

第2部 機械学習システム
第8章 構築した機械学習モデルで新規データを予測する10本ノック

ノック72：
予測したい新規データを読み込もう

では、データの読み込みを始めていきます。まずは、マスタデータの読み込みからいきましょう。何度もやっているので、問題なくできるかと思います。

```python
import pandas as pd
m_area_file = 'm_area.csv'
m_store_file = 'm_store.csv'
m_area = pd.read_csv(os.path.join(master_dir, m_area_file))
m_store = pd.read_csv(os.path.join(master_dir, m_store_file))
```

■図8-2：マスタデータの読み込み

```
        ノック72：予測したい新規データを読み込もう
In [2]:  import pandas as pd
         m_area_file = 'm_area.csv'
         m_store_file = 'm_store.csv'
         m_area = pd.read_csv(os.path.join(master_dir, m_area_file))
         m_store = pd.read_csv(os.path.join(master_dir, m_store_file))
```

どんどんいきましょう。次に、対象とする新規データの読み込みとなります。これは、簡易的な**データチェック機構**を入れておきましょう。第5章を読み返しながら作成してみて下さい。

```python
tg_ym = "202003"
target_file = "tbl_order_" + tg_ym + ".csv"
target_data = pd.read_csv(os.path.join(input_dir, target_file))


import datetime
max_date = pd.to_datetime(target_data["order_accept_date"]).max()
min_date = pd.to_datetime(target_data["order_accept_date"]).min()
max_str_date = max_date.strftime("%Y%m")
min_str_date = min_date.strftime("%Y%m")
if tg_ym == min_str_date and tg_ym == max_str_date:
    print("日付が一致しました")
else:
    raise Exception("日付が一致しません")
```

240

■図8-3：データチェック機構を用いた新規データの読み込み

　これで、一通り必要なデータの読み込みが完了しました。モデルファイルや、X_cols.csvは、予測を行う際に読み込みましょう。

ノック73：
新規データを店舗別で集計しよう

　次は、データ加工です。機械学習で予測するためには、モデル構築時の説明変数Xのデータに加工する必要があります。第6章で、大きく、店舗別の集計を行う加工と、目的変数を作成し紐づけを行う加工の2つを行いましたが、新規データは未知なデータのため、目的変数の作成や紐づけは不要です。まずは、店舗別集計を行いましょう。ここは、第6章の関数を持ってきます。

```
def calc_delta(t):
    t1, t2 = t
    delta = t2 - t1
    return delta.total_seconds()/60


def data_processing(order_data):
    order_data = order_data.loc[order_data['store_id'] != 999]
    order_data = pd.merge(order_data, m_store, on='store_id', how='left')
    order_data = pd.merge(order_data, m_area, on='area_cd', how='left')
    order_data.loc[order_data['takeout_flag'] == 0, 'takeout_name'] = 'デリバリー'
    order_data.loc[order_data['takeout_flag'] == 1, 'takeout_name'] = 'お持ち帰り'
    order_data.loc[order_data['status'] == 0, 'status_name'] = '受付'
```

第2部 機械学習システム
第8章 構築した機械学習モデルで新規データを予測する10本ノック

```python
    order_data.loc[order_data['status'] == 1, 'status_name'] = 'お支払済'

    order_data.loc[order_data['status'] == 2, 'status_name'] = 'お渡し済'

    order_data.loc[order_data['status'] == 9, 'status_name'] = 'キャンセル
'


    order_data.loc[:,'order_accept_datetime'] = pd.to_datetime(order_data[
'order_accept_date'])

    order_data.loc[:,'delivered_datetime'] = pd.to_datetime(order_data['de
livered_date'])

    order_data.loc[:,'delta'] = order_data[['order_accept_datetime', 'deli
vered_datetime']].apply(calc_delta, axis=1)

    order_data.loc[:,'order_accept_hour'] = order_data['order_accept_datet
ime'].dt.hour

    order_data.loc[:,'order_accept_weekday'] = order_data['order_accept_da
tetime'].dt.weekday

    order_data.loc[order_data['order_accept_weekday'] >= 5, 'weekday_inf
o'] = '休日'

    order_data.loc[order_data['order_accept_weekday'] < 5, 'weekday_info']
= '平日'


    store_data = order_data.groupby(['store_name']).count()[['order_id']]

    store_f = order_data.loc[(order_data['status_name']=="お渡し済")|(orde
r_data['status_name']=="お支払済")].groupby(['store_name']).count()[['orde
r_id']]

    store_c = order_data.loc[order_data['status_name']=="キャンセル"].grou
pby(['store_name']).count()[['order_id']]

    store_d = order_data.loc[order_data['takeout_name']=="デリバリー"].gr
oupby(['store_name']).count()[['order_id']]

    store_t = order_data.loc[order_data['takeout_name']=="お持ち帰り"].gro
upby(['store_name']).count()[['order_id']]

    store_weekday = order_data.loc[order_data['weekday_info']=="平日"].gro
upby(['store_name']).count()[['order_id']]

    store_weekend = order_data.loc[order_data['weekday_info']=="休日"].gro
upby(['store_name']).count()[['order_id']]

    times = order_data['order_accept_hour'].unique()
```

242

ノック73：新規データを店舗別で集計しよう

```python
    store_time = []
    for time in times:
        time_tmp = order_data.loc[order_data['order_accept_hour']==time].g
roupby(['store_name']).count()[['order_id']]
        time_tmp.columns = [f'order_time_{time}']
        store_time.append(time_tmp)
    store_time = pd.concat(store_time, axis=1)
    store_delta = order_data.loc[order_data['status_name']!="キャンセル
"].groupby(['store_name']).mean()[['delta']]
    store_data.columns = ['order']
    store_f.columns = ['order_fin']
    store_c.columns = ['order_cancel']
    store_d.columns = ['order_delivery']
    store_t.columns = ['order_takeout']
    store_delta.columns = ['delta_avg']
    store_weekday.columns = ['order_weekday']
    store_weekend.columns = ['order_weekend']
    store_data = pd.concat([store_data, store_f, store_c, store_d, store_
t, store_weekday, store_weekend, store_time, store_delta], axis=1)
    return store_data
```

第2部 機械学習システム
第8章 構築した機械学習モデルで新規データを予測する10本ノック

■図8-4：店舗別集計を行うための関数

ノック73：新規データを店舗別で集計しよう

```python
In [4]: def calc_delta(t):
            t1, t2 = t
            delta = t2 - t1
            return delta.total_seconds()/60

        def data_processing(order_data):
            order_data = order_data.loc[order_data['store_id'] != 999]
            order_data = pd.merge(order_data, m_store, on='store_id', how='left')
            order_data = pd.merge(order_data, m_area, on='area_cd', how='left')
            order_data.loc[order_data['takeout_flag'] == 0, 'takeout_name'] = 'デリバリー'
            order_data.loc[order_data['takeout_flag'] == 1, 'takeout_name'] = 'お持ち帰り'
            order_data.loc[order_data['status'] == 0, 'status_name'] = '受付'
            order_data.loc[order_data['status'] == 1, 'status_name'] = 'お支払済'
            order_data.loc[order_data['status'] == 2, 'status_name'] = 'お渡し済'
            order_data.loc[order_data['status'] == 3, 'status_name'] = 'キャンセル'

            order_data.loc[:,'order_accept_datetime'] = pd.to_datetime(order_data['order_accept_date'])
            order_data.loc[:,'delivered_datetime'] = pd.to_datetime(order_data['delivered_date'])
            order_data.loc[:,'delta'] = order_data[['order_accept_datetime', 'delivered_datetime']].apply(calc_delta, axis=1)
            order_data.loc[:,'order_accept_hour'] = order_data['order_accept_datetime'].dt.hour
            order_data.loc[:,'order_accept_weekday'] = order_data['order_accept_datetime'].dt.weekday
            order_data.loc[order_data['order_accept_weekday'] >= 5, 'weekday_info'] = '休日'
            order_data.loc[order_data['order_accept_weekday'] < 5, 'weekday_info'] = '平日'

            store_data = order_data.groupby(['store_name']).count()[['order_id']]
            store_f = order_data.loc[(order_data['status_name']=="お渡し済")
                        (order_data['status_name']=="お支払済")].groupby(['store_name']).count()[['order_id']]
            store_c = order_data.loc[order_data['status_name']=="キャンセル"].groupby(['store_name']).count()[['order_id']]
            store_d = order_data.loc[order_data['takeout_name']=="デリバリー"].groupby(['store_name']).count()[['order_id']]
            store_t = order_data.loc[order_data['takeout_name']=="お持ち帰り"].groupby(['store_name']).count()[['order_id']]
            store_weekday = order_data.loc[order_data['weekday_info']=="平日"].groupby(['store_name']).count()[['order_id']]
            store_weekend = order_data.loc[order_data['weekday_info']=="休日"].groupby(['store_name']).count()[['order_id']]
            times = order_data['order_accept_hour'].unique()
            store_time = []
            for time in times:
                time_tmp = order_data.loc[order_data['order_accept_hour']==time].groupby(['store_name']).count()[['order_id']]
                time_tmp.columns = [f'order_time_{time}']
                store_time.append(time_tmp)
            store_time = pd.concat(store_time, axis=1)
            store_delta = order_data.loc[order_data['status_name']!="キャンセル"].groupby(['store_name']).mean()[['delta']]
            store_data.columns = ['order']
            store_f.columns = ['order_fin']
            store_c.columns = ['order_cancel']
            store_d.columns = ['order_delivery']
            store_t.columns = ['order_takeout']
            store_delta.columns = ['delta_avg']
            store_weekday.columns = ['order_weekday']
            store_weekend.columns = ['order_weekend']
            store_data = pd.concat([store_data, store_f, store_c, store_d, store_t,
                        store_weekday, store_weekend, store_time, store_delta], axis=1)
            return store_data
```

　基本的には第6章の**ノック56**で作成した関数を持ってくれば問題ありません。ただし、この関数の中で、ピザを提供するまでの時間を集計するためにcalc_delta関数を使用しているので、そちらの関数も必要となります。

　それでは、この関数を用いて新規データの店舗別集計を行いましょう。また、後半で実績データとして集計を行うので、actual_dataとして保持しておきます。

```python
store_data = data_processing(target_data)
store_data.reset_index(drop=False, inplace=True)
actual_data = store_data.copy()
```

■図8-5：店舗別集計関数の実行

```python
[5]: store_data = data_processing(target_data)
     store_data.reset_index(drop=False, inplace=True)
     actual_data = store_data.copy()
```

ノック74：新規データのカテゴリカル変数対応をしよう

続いて、カテゴリカル変数の対応を行います。

ノック74：
新規データのカテゴリカル変数対応を
しよう

ここからは、機械学習モデルに投入する直前の処理をやっていきます。まずは、store_nameを数値データに変換する**ワンホットエンコーディング**です。この処理は、第7章の**ノック62**で行った処理です。参考にしながらデータを加工していきましょう。

```
category_data = pd.get_dummies(store_data['store_name'], prefix='store' ,prefix_sep='_')
del category_data['store_麻生店']
store_data = pd.concat([store_data, category_data],axis=1)
store_data.head(3)
```

■図8-6：カテゴリカル変数の対応

基本的には第7章の**ノック62**と同じ処理です。ただし、**ノック62**では、year_monthやstore_nameも列から削除していましたが、今回は消していません。店舗別集計の状態ではyear_month列がない点と、次ノックでX_cols.csvをもとに説明変数Xを絞り込むので、store_nameのように列に残っていても問題ない点から、特に処理を入れていません。

245

ノック75：モデルに投入する直前の形式に整えよう

いよいよ、モデルで予測する直前のデータに整えます。これは、X_cols.csvを説明変数の列名として読み込み、store_dataの列名を絞り込めば完了します。ここまで実習してきた方からすれば、難しい処理ではありませんね。

```
X_cols_name = 'X_cols.csv'
X_cols = pd.read_csv(os.path.join(model_dir, X_cols_name))
X_cols = X_cols['X_cols']
```

■図8-7：モデルに使用した説明変数の読み込み

csvを読み込み、カラム名X_colsを指定し、対象の列名をX_colsとして定義しています。では、変数X_colsを用いて、列の絞り込みを行いましょう。

```
X = store_data[X_cols].copy()
X.head(3)
```

■図8-8：説明変数列への絞り込み

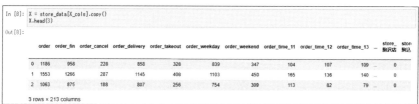

これで、モデルに投入する直前のデータができました。このように、モデル構築時にX_colsを出力し、そこから絞り込みを行うようにしておけば、もしモデルの見直し等で説明変数が変わっても、ある程度対応が可能となります。細かい工夫として覚えておくと良いと思います。

ノック76：モデルファイルを読み込んでみよう

ノック76：
モデルファイルを読み込んでみよう

それでは、ここからはモデル側の準備になります。モデルファイルの読み込み
を行いましょう。weekdayとweekendの2つのモデルがありますので、両方
とも**pickle.load**を用いて読み込みましょう。

```python
import pickle
model_weekday_name = 'model_y_weekday_GradientBoosting.pickle'
model_weekend_name = 'model_y_weekend_GradientBoosting.pickle'

model_weekday_path = os.path.join(model_dir, model_weekday_name)
model_weekend_path = os.path.join(model_dir, model_weekend_name)

with open(model_weekday_path, mode='rb') as f:
    model_weekday = pickle.load(f)

with open(model_weekend_path, mode='rb') as f:
    model_weekend = pickle.load(f)

print(model_weekday)
print(model_weekend)
```

■図8-9：モデルファイルの読み込み

```
In [14]: import pickle
         model_weekday_name = 'model_y_weekday_GradientBoosting.pickle'
         model_weekend_name = 'model_y_weekend_GradientBoosting.pickle'
         model_weekday_path = os.path.join(model_dir, model_weekday_name)
         model_weekend_path = os.path.join(model_dir, model_weekend_name)
         with open(model_weekday_path, mode='rb') as f:
             model_weekday = pickle.load(f)

         with open(model_weekend_path, mode='rb') as f:
             model_weekend = pickle.load(f)

         print(model_weekday)
         print(model_weekend)

         GradientBoostingClassifier(random_state=0)
         GradientBoostingClassifier(random_state=0)
```

定義したモデルをprintで出力するとモデル構築を行った際のパラメータ情報
が出力されます。

247

第2部 機械学習システム
第8章 構築した機械学習モデルで新規データを予測する10本ノック

ノック77：
新規データの予測をしてみよう

　それでは、いよいよここから予測を行っていきます。これまでも第7章のモデル構築時に予測は行っており、目新しいものではありません。まずは**predict**の結果を出力しましょう。

```
pred_weekday = model_weekday.predict(X)
pred_weekend = model_weekend.predict(X)
pred_weekend[:10]
```

■図8-10：予測結果の出力

```
        ノック77：新規データの予測をしてみよう

In [10]:  pred_weekday = model_weekday.predict(X)
          pred_weekend = model_weekend.predict(X)
          pred_weekend[:10]

Out[10]:  array([0., 0., 0., 0., 0., 0., 0., 1., 0.])
```

　参考までに10件だけ予測結果を出力しています。するとこのように、0と1が出力されます。これは第7章でも確認していますね。アルゴリズムの中には、0や1のように2値ではなく、予測確率で表すことができるものもあります。木系のアルゴリズムは出力することが可能です。**predict_proba**を用いて確率を表示してみましょう。

```
pred_proba_weekday = model_weekday.predict_proba(X)
pred_proba_weekend = model_weekend.predict_proba(X)
pred_proba_weekend[:10]
```

■図8-11：予測確率の出力

```
In [11]:  pred_proba_weekday = model_weekday.predict_proba(X)
          pred_proba_weekend = model_weekend.predict_proba(X)
          pred_proba_weekend[:10]

Out[11]:  array([[0.71866699, 0.28133301],
                 [0.61231504, 0.38768496],
                 [0.53604944, 0.46395056],
                 [0.77746324, 0.22253676],
                 [0.59048016, 0.40951984],
                 [0.80779612, 0.19220388],
                 [0.79061865, 0.20938135],
                 [0.70969261, 0.29030739],
                 [0.36925277, 0.63074723],
                 [0.84098724, 0.15901276]])
```

248

ノック77：新規データの予測をしてみよう

このように、左側は0と予測している確率、右側は1と予測している確率で、足すと1になっていることがわかります。predictでは、この確率が0.5を超えている方を出力しています。1つ前のセル実行結果と見比べてみると良いと思います。1の確率が分かれば良いので、右半分だけ取得しましょう。

```
pred_proba_weekday = pred_proba_weekday[:,1]
pred_proba_weekend = pred_proba_weekend[:,1]
pred_proba_weekend[:10]
```

■図8-12：予測確率の出力

```
In [12]: pred_proba_weekday = pred_proba_weekday[:,1]
         pred_proba_weekend = pred_proba_weekend[:,1]
         pred_proba_weekend[:10]
Out[12]: array([0.28133301, 0.38768496, 0.46395056, 0.22253676, 0.40951984,
                0.19220388, 0.20938135, 0.29030739, 0.63074723, 0.15901276])
```

これで、1である確率、つまりはオーダー数が増加する確率として細かく閾値等を設定することが可能になります。

それでは、これらの結果をデータフレームとして保持しておきましょう。

```
pred = pd.DataFrame({'pred_weekday':pred_weekday, 'pred_weekend':pred_week
end, 'score_weekday':pred_proba_weekday, 'score_weekend':pred_proba_weeken
d})
pred.loc[:,'store_name'] = store_data['store_name']
pred.loc[:,'year_month'] = tg_ym
pred.head(3)
```

■図8-13：予測結果や確率のデータ化

```
In [13]: pred = pd.DataFrame({'pred_weekday':pred_weekday, 'pred_weekend':pred_weekend,
                              'score_weekday':pred_proba_weekday, 'score_weekend':pred_proba_weekend})
         pred.loc[:,'store_name'] = store_data['store_name']
         pred.loc[:,'year_month'] = tg_ym
         pred.head(3)
```

	pred_weekday	pred_weekend	score_weekday	score_weekend	store_name	year_month
0	1.0	0.0	0.769104	0.281333	あきる野店	202003
1	1.0	0.0	0.677146	0.387685	さいたま南店	202003
2	1.0	0.0	0.842885	0.463951	さいたま緑店	202003

予測結果を保持する際に、store_data内のstore_name列をそのまま付与し

249

ています。これは、機械学習モデルによる予測をする前と予測結果のデータの順番が同じなので、そのまま付与できます。もしソートするなど、データの順番を入れ替えてしまった場合には、使えませんので注意しましょう。

ノック78：
予測結果のヒートマップを作成してみよう

それでは、せっかく確率を取得したので、**ヒートマップ**を作成してみましょう。まずは、必要な列に絞り込んで、store_nameをindexとして定義します。

```
pred_viz = pred[['store_name','score_weekday','score_weekend']].copy()
pred_viz.set_index('store_name', inplace=True)
pred_viz
```

■図8-14：ヒートマップ用データの作成

次に、**seaborn**を用いてヒートマップを作成します。データが多すぎるとつぶれてしまうので20店舗だけ可視化してみましょう。

```
import seaborn as sns
import japanize_matplotlib
```

```
japanize_matplotlib.japanize()
sns.heatmap(pred_viz[:20].T)
```

■図8-15：ヒートマップ

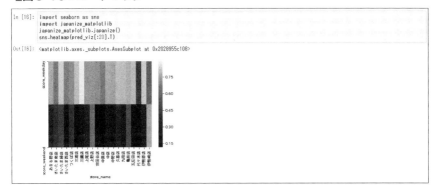

　ヒートマップを見ると、全体的な傾向としては、2020年3月に比べて、4月はweekdayが増加傾向にあると予測されています。ただ、伊勢原店のように、むしろweekendの方が増加する確率が高いと予測している店舗も見られます。

ノック79：
実績データを作成しよう

　ここまでで、機械学習の予測結果を取得し、可視化まで行いました。では、ここから現場に向けての簡易的なレポートを考えていきます。機械学習の予測結果だけを渡しても、スコアが羅列されているだけで、一体前月はどういう状況だったのだろうかと頭を悩ますでしょう。そのため、実績データを作成し、現場向けレポートに付与したいと思います。

　今回、2020年3月のデータを用いて、4月を予測しています。そのため、前月とは2020年3月、つまりはインプットデータになります。そこで、前半で保持しておいたactual_dataの活躍の場です。必要なデータに絞り込み、何年何月のデータなのかを列名に入れましょう。

```
target_cols = ['store_name', 'order', 'order_fin', 'order_cancel', 'order_delivery',
        'order_takeout', 'order_weekday', 'order_weekend', 'delta_avg']
actual_data = actual_data[target_cols]
actual_cols = ['store_name']
rename_cols = [x + f'_{tg_ym}' for x in actual_data.columns if x != 'store_name']
actual_cols.extend(rename_cols)
actual_data.columns = actual_cols
actual_data.head(3)
```

▌図8-16:実績データの作成

これで、2020年3月のデータだということがわかりますね。オーダー数やキャンセルになったオーダー数もわかるので、現場の検討に使えそうです。

ノック80: 現場に向けたレポートを作成し出力しよう

それでは、最後に、現場に向けたレポートを作成しましょう。

まず1つ目は、scoreでは判断が難しいので、scoreを4分割して、増加大、増加、減少、減少大にしましょう。

```
pred.loc[pred['score_weekday'] >= 0.75,'オーダー予測 平日'] = '増加大'
```

ノック80：現場に向けたレポートを作成し出力しよう

```
pred.loc[(pred['score_weekday'] < 0.75)&(pred['score_weekday'] >= 0.5),'オ
ーダー予測 平日'] = '増加'
```

```
pred.loc[(pred['score_weekday'] < 0.5)&(pred['score_weekday'] >= 0.25),'オ
ーダー予測 平日'] = '減少'
```

```
pred.loc[pred['score_weekday'] < 0.25,'オーダー予測 平日'] = '減少大'
```

```
pred.loc[pred['score_weekend'] >= 0.75,'オーダー予測 休日'] = '増加大'
```

```
pred.loc[(pred['score_weekend'] < 0.75)&(pred['score_weekend'] >= 0.5),'オ
ーダー予測 休日'] = '増加'
```

```
pred.loc[(pred['score_weekend'] < 0.5)&(pred['score_weekend'] >= 0.25),'オ
ーダー予測 休日'] = '減少'
```

```
pred.loc[pred['score_weekend'] < 0.25,'オーダー予測 休日'] = '減少大'
```

■図8-17：scoreの簡易化

続いて、**ノック79**の実績データを結合しましょう。

```
report = pred[['store_name','オーダー予測 平日','オーダー予測 休日', 'scor
e_weekday', 'score_weekend']]
```

```
report = pd.merge(report, actual_data , on='store_name', how='left')
```

```
report.head(3)
```

253

第2部 機械学習システム
第8章 構築した機械学習モデルで新規データを予測する10本ノック

■図8-18：実績データの結合

```
[22]: report = pred[['store_name','オーダー予測 平日','オーダー予測 休日', 'score_weekday', 'score_weekend']]
      report = pd.merge(report, actual_data , on='store_name', how='left')
      report.head(3)
```

	store_name	オーダー予測平日	オーダー予測休日	score_weekday	score_weekend	order_202003	order_fin_202003	order_cancel_202003	order_delivery_202003	order_takeout_202003	on
0	あきる野店	増加大	減少	0.769104	0.281333	1186	958	228	858	328	
1	さいたま南店	増加	減少	0.677146	0.387685	1553	1266	287	1145	408	
2	さいたま緑店	増加大	減少	0.842885	0.463951	1063	875	188	807	256	

これで、店舗の担当者は、左から重要な情報を確認できます。まずは、増加するのかどうかが確認でき、前月との実績も併せてみることができます。

それでは最後に出力しましょう。その際に、ファイル名に予測した年月を入れましょう。今回は、2020年3月のデータを使って、2020年4月を予測したので、202004となります。

```
pred_ym = datetime.datetime.strptime(tg_ym, '%Y%m')
from dateutil.relativedelta import relativedelta
pred_ym = pred_ym + relativedelta(months=1)
pred_ym = datetime.datetime.strftime(pred_ym, '%Y%m')

report_name = f'report_pred_{pred_ym}.xlsx'
report.to_excel(os.path.join(output_dir, report_name), index=False)
```

■図8-19：現場向けレポートの出力

```
In [21]: pred_ym = datetime.datetime.strptime(tg_ym, '%Y%m')
         from dateutil.relativedelta import relativedelta
         pred_ym = pred_ym + relativedelta(months=1)
         pred_ym = datetime.datetime.strftime(pred_ym, '%Y%m')

         report_name = f'report_pred_{pred_ym}.xlsx'
         report.to_excel(os.path.join(output_dir, report_name), index=False)
```

これで、現場向けレポートのファイルを出力することができました。
お疲れ様でした。

ノック80：現場に向けたレポートを作成し出力しよう

　以上で、新規データ予測をする10本は終了です。如何でしたでしょうか。新規データを予測する上でも、データの加工は必要となります。データ加工からモデルによる予測まで一連の流れを構築しておくことで、更新データに対応できるイメージができたのではないでしょうか。第9章では、機械学習のモデル構築や新規データ予測の総括を行います。常に、データが更新されるのを視野に入れつつ、システムを組んでいきます。

第9章
小規模機械学習システムを
作成する10本ノック

　第6章、第7章、第8章と一通りの機械学習システムの機能を少しずつ実現してきました。第6章ではデータ加工、第7章では機械学習モデルの構築、第8章では新規データ予測およびレポーティングとなっていました。だんだんと分かってきた方もいらっしゃるかと思いますが、色々なパーツを状況に合わせて使い回すことでシステムができ上がっていきます。第9章では、更新を意識して、データを蓄積させつつ、データの加工、モデル構築、新規データ予測を行っていく小規模システムを作成します。第6章から第8章までの知識をフル活用して作成することになるでしょう。データは常に更新されていきます。その部分を意識して、挑戦してみて下さい。

ノック81：フォルダ生成をして初期の変数定義をしよう

ノック82：更新データを読み込んで店舗別データを作成しよう

ノック83：月次店舗データの更新をしよう

ノック84：機械学習用データの作成と更新をしよう

ノック85：機械学習モデル用の事前データ加工をしよう

ノック86：機械学習モデルの構築・評価をしよう

ノック87：新規データ予測に向けた下準備をしよう

ノック88：新規データの予測をしよう

ノック89：現場向けレポートを作成し出力しよう

ノック90：機械学習モデルの精度推移を可視化しよう

あなたの状況

　データ加工に始まり、機械学習のモデル構築を行い、新規データ予測からレポートまでの流れを一通り作成してみました。一通りの機能を実装できたことで嬉しい反面、データが蓄積されていない事実に気付きます。データ更新時にデータが蓄積されることで、モデルの見直しや新規データ予測の検証を行うことができると考えました。そこで、これまで作成した機能を活用して、データを月次で更新するタイミングで蓄積し、さらに蓄積されたデータをもとに毎月のモデル構築をしたいと考えています。

前提条件

　今回使用するデータは、2020年4月から2020年8月までの注文データと、各種マスタデータ、さらに第6章で作成したstore_monthly_data.csv、ml_base_data.csv、第7章で作成したモデルファイルとなります。

■表9-1：データ一覧

No.	ファイル名	概要
1	m_area.csv	地域マスタ。都道府県情報等。
2	m_store.csv	店舗マスタ。店舗名等。
3	tbl_order_202004.csv 〜 tbl_order_202008.csv	注文データ。2020年4月から8月までの5か月分を使用する。
4	store_monthly_data.csv	店舗の月毎の集計済みデータ。第6章で作成済み。
5	ml_base_data.csv	機械学習用のデータ。第6章で作成済み。
6-1	model_y_weekday_GradientBoosting.pickle	第7章で作成したモデルファイル。平日予測用モデル。
6-2	model_y_weekend_GradientBoosting.pickle	第7章で作成したモデルファイル。休日予測用モデル。
7	X_cols.csv	第7章で作成したモデルの説明変数名一覧。

ノック81：フォルダ生成をして初期の変数定義をしよう

ノック81：
フォルダ生成をして初期の変数定義を
しよう

さて、毎回恒例のフォルダ構造を考えていきましょう。ただ、今回はその前に**データフロー**を考えます。データフローは第6章から第8章の流れを整理することにもつながるので、しっかりと考えましょう。

まず、tbl_order系の注文データがあります。これがインプットデータになります。そのインプットデータから店舗別に集計が行われます。このデータは、store_monthly_dataと同じなので、このデータに更新をかける必要があります。第6章の時点では、2019年4月から2020年3月までのデータがまとまっています。第6章を思い出していただけるとわかりますが、このデータをもとにml_base_dataは作成されます。つまり、store_monthly_dataが更新されたタイミングでml_base_dataも更新するべきです。ここまででおわかりのように、store_monthly_dataとml_base_dataが蓄積データになっていきます。厳密には、store monthly_dataさえしっかりと更新していけば、ml_base_dataは好きなタイミングで最新化することが可能です。このようにまずは押さえるべきデータを把握しましょう。

その後の流れを見ると、モデル構築は、ml_base_dataのみで行うことができます。また、新規データ予測に関しては、インプットデータである対象の注文データを店舗別に集計したデータを使用します。これは、先ほどstore_monthly_dataに追加されたデータになります。以上が全体の流れになります。

259

■図9-1：データフロー

では、**フォルダ構成**はどのようにしましょうか。

第8章で行ったように、データフォルダとモデルフォルダは同じ階層で分割しましょう。モデルフォルダは第8章と同じで最新のモデルを入れる形式にします。少し複雑なのがデータフォルダです。今回は、細かく分けるようにしましょう。00_input、01_store_monthly、02_ml_base、10_output_ml_result、11_output_report、99_masterにします。頭1桁が0は、インプット系データや中間データで、頭1桁が1は、アウトプット系データとなります。また、00_inputから、01_store_monthlyが更新され、それをベースに02_ml_baseが更新される形となるように番号を振っています。

ノック81：フォルダ生成をして初期の変数定義をしよう

■図9-2：フォルダ構造

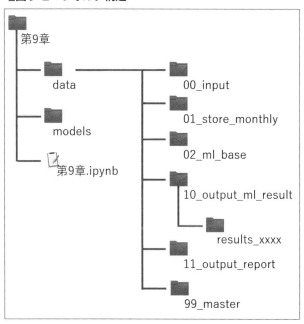

それでは、フォルダを生成しましょう。フォルダ生成に関しては、もうプログラムを書くのに悩むことはあまりないかと思います。

```
import os
data_dir = 'data'
input_dir = os.path.join(data_dir, '00_input')
store_monthly_dir = os.path.join(data_dir, '01_store_monthly')
ml_base_dir = os.path.join(data_dir, '02_ml_base')

output_ml_result_dir = os.path.join(data_dir, '10_output_ml_result')
output_report_dir = os.path.join(data_dir, '11_output_report')

master_dir = os.path.join(data_dir, '99_master')
model_dir = 'models'
```

第2部 機械学習システム
第9章 小規模機械学習システムを作成する10本ノック

```
os.makedirs(input_dir,exist_ok=True)

os.makedirs(store_monthly_dir,exist_ok=True)

os.makedirs(ml_base_dir,exist_ok=True)

os.makedirs(output_ml_result_dir,exist_ok=True)

os.makedirs(output_report_dir,exist_ok=True)

os.makedirs(master_dir,exist_ok=True)

os.makedirs(model_dir,exist_ok=True)
```

■図9-3：フォルダ作成

```
9章_小規模機械学習システムを作成する10本ノック

ノック81：フォルダ生成をして初期の変数定義をしよう

import os
data_dir = 'data'
input_dir = os.path.join(data_dir, '00_input')
store_monthly_dir = os.path.join(data_dir, '01_store_monthly')
ml_base_dir = os.path.join(data_dir, '02_ml_base')

output_ml_result_dir = os.path.join(data_dir, '10_output_ml_result')
output_report_dir = os.path.join(data_dir, '11_output_report')

master_dir = os.path.join(data_dir, '99_master')
model_dir = 'models'

os.makedirs(input_dir,exist_ok=True)
os.makedirs(store_monthly_dir,exist_ok=True)
os.makedirs(ml_base_dir,exist_ok=True)
os.makedirs(output_ml_result_dir,exist_ok=True)
os.makedirs(output_report_dir,exist_ok=True)
os.makedirs(master_dir,exist_ok=True)
os.makedirs(model_dir,exist_ok=True)
```

設計通りのフォルダが生成できましたでしょうか。

ここで、データを所定のフォルダに格納して下さい。00_inputにはtbl_order系データ、01_store_monthlyには第6章で出力したstore_monthly_data.csvを、02_ml_baseには同じく第6章で出力したml_base_data.csvを格納します。第8章と同様にmodelsフォルダには、モデルファイルであるmodel_y_weekday_GradientBoosting.pickle、model_y_weekend_GradientBoosting.pickleと、列名ファイルであるX_cols.csvを格納します。99_masterには、m_area.csv、m_store.csvを格納しましょう。

これで準備は整いました。

次に、初期の変数定義を行います。更新するデータを指定するためのtg_ymを先頭に、基本的なデータのファイル名は指定しておきましょう。

```
tg_ym = '202004'
```

ノック82：更新データを読み込んで店舗別データを作成しよう

```
target_file = "tbl_order_" + tg_ym + ".csv"
m_area_file = 'm_area.csv'
m_store_file = 'm_store.csv'
store_monthly_file = 'store_monthly_data.csv'
ml_base_file = 'ml_base_data.csv'
```

▪️図9-4：初期変数定義

```
[9]: tg_ym = '202004'

     target_file = "tbl_order_" + tg_ym + ".csv"
     m_area_file = 'm_area.csv'
     m_store_file = 'm_store.csv'
     store_monthly_file = 'store_monthly_data.csv'
     ml_base_file = 'ml_base_data.csv'
```

　対象を指定するtg_ymは、一番先頭に持ってくると、変更箇所がわかりやすいので間違いは起きにくくなるでしょう。もう少し、システムを固くする場合は、configファイル等で指定する形にしても良いでしょう。

⚾ ✏️ ノック82：更新データを読み込んで店舗別データを作成しよう

　では早速ですが、更新データを読み込んで、店舗別に集計を行います。これは、第8章で行ったのと同じ処理ですね。まずは、データの読み込みを行います。せっかくなので、**データチェック機構**も入れておきましょう。

```
import pandas as pd
m_area = pd.read_csv(os.path.join(master_dir, m_area_file))
m_store = pd.read_csv(os.path.join(master_dir, m_store_file))
target_data = pd.read_csv(os.path.join(input_dir, target_file))


import datetime
max_date = pd.to_datetime(target_data["order_accept_date"]).max()
min_date = pd.to_datetime(target_data["order_accept_date"]).min()
max_str_date = max_date.strftime("%Y%m")
min_str_date = min_date.strftime("%Y%m")
if tg_ym == min_str_date and tg_ym == max_str_date:
```

263

第2部 機械学習システム
第9章 小規模機械学習システムを作成する10本ノック

```
    print("日付が一致しました")
else:
    raise Exception("日付が一致しません")
```

■図9-5：更新データの読み込み

```
ノック82：更新データを読み込んで店舗別データを作成しよう

import pandas as pd
m_area = pd.read_csv(os.path.join(master_dir, m_area_file))
m_store = pd.read_csv(os.path.join(master_dir, m_store_file))
target_data = pd.read_csv(os.path.join(input_dir, target_file))

import datetime
max_date = pd.to_datetime(target_data["order_accept_date"]).max()
min_date = pd.to_datetime(target_data["order_accept_date"]).min()
max_str_date = max_date.strftime("%Y%m")
min_str_date = min_date.strftime("%Y%m")
if tg_ym == min_str_date and tg_ym == max_str_date:
    print("日付が一致しました")
else:
    raise Exception("日付が一致しません")

日付が一致しました
```

次に、関数を定義します。これは第8章で使用したものと全く同じです。

```
def calc_delta(t):
    t1, t2 = t
    delta = t2 - t1
    return delta.total_seconds()/60


def data_processing(order_data):
    order_data = order_data.loc[order_data['store_id'] != 999]
    order_data = pd.merge(order_data, m_store, on='store_id', how='left')
    order_data = pd.merge(order_data, m_area, on='area_cd', how='left')
    order_data.loc[order_data['takeout_flag'] == 0, 'takeout_name'] = 'デ
リバリー'
    order_data.loc[order_data['takeout_flag'] == 1, 'takeout_name'] = 'お
持ち帰り'
    order_data.loc[order_data['status'] == 0, 'status_name'] = '受付'
    order_data.loc[order_data['status'] == 1, 'status_name'] = 'お支払済'
    order_data.loc[order_data['status'] == 2, 'status_name'] = 'お渡し済'
    order_data.loc[order_data['status'] == 9, 'status_name'] = 'キャンセル
'

    order_data.loc[:,'order_accept_datetime'] = pd.to_datetime(order_data[
'order_accept_date'])
```

264

ノック82：更新データを読み込んで店舗別データを作成しよう

```python
    order_data.loc[:,'delivered_datetime'] = pd.to_datetime(order_data['de
livered_date'])
    order_data.loc[:,'delta'] = order_data[['order_accept_datetime', 'deli
vered_datetime']].apply(calc_delta, axis=1)
    order_data.loc[:,'order_accept_hour'] = order_data['order_accept_datet
ime'].dt.hour
    order_data.loc[:,'order_accept_weekday'] = order_data['order_accept_da
tetime'].dt.weekday
    order_data.loc[order_data['order_accept_weekday'] >= 5, 'weekday_inf
o'] = '休日'
    order_data.loc[order_data['order_accept_weekday'] < 5, 'weekday_info']
= '平日'

    store_data = order_data.groupby(['store_name']).count()[['order_id']]
    store_f = order_data.loc[(order_data['status_name']=="お渡し済")|(orde
r_data['status_name']=="お支払済")].groupby(['store_name']).count()[['orde
r_id']]
    store_c = order_data.loc[order_data['status_name']=="キャンセル"].grou
pby(['store_name']).count()[['order_id']]
    store_d = order_data.loc[order_data['takeout_name']=="デリバリー"].gr
oupby(['store_name']).count()[['order_id']]
    store_t = order_data.loc[order_data['takeout_name']=="お持ち帰り"].gro
upby(['store_name']).count()[['order_id']]
    store_weekday = order_data.loc[order_data['weekday_info']=="平日"].gro
upby(['store_name']).count()[['order_id']]
    store_weekend = order_data.loc[order_data['weekday_info']=="休日"].gro
upby(['store_name']).count()[['order_id']]
    times = order_data['order_accept_hour'].unique()
    store_time = []
    for time in times:
        time_tmp = order_data.loc[order_data['order_accept_hour']==time].g
roupby(['store_name']).count()[['order_id']]
        time_tmp.columns = [f'order_time_{time}']
        store_time.append(time_tmp)
    store_time = pd.concat(store_time, axis=1)
    store_delta = order_data.loc[order_data['status_name']!="キャンセル
"].groupby(['store_name']).mean()[['delta']]
```

265

第2部 機械学習システム
第9章 小規模機械学習システムを作成する10本ノック

```
    store_data.columns = ['order']

    store_f.columns = ['order_fin']

    store_c.columns = ['order_cancel']

    store_d.columns = ['order_delivery']

    store_t.columns = ['order_takeout']

    store_delta.columns = ['delta_avg']

    store_weekday.columns = ['order_weekday']

    store_weekend.columns = ['order_weekend']

    store_data = pd.concat([store_data, store_f, store_c, store_d, store_
t, store_weekday, store_weekend, store_time, store_delta], axis=1)

    return store_data
```

■図9-6：店舗別集計を行うための関数

```
In [4]: def calc_delta(t):
            t1, t2 = t
            delta = t2 - t1
            return delta.total_seconds()/60

        def data_processing(order_data):
            order_data = order_data.loc[order_data['store_id'] != 999]
            order_data = pd.merge(order_data, m_store, on='store_id', how='left')
            order_data = pd.merge(order_data, m_area, on='area_cd', how='left')
            order_data.loc[order_data['takeout_flag'] == 0, 'takeout_name'] = 'デリバリー'
            order_data.loc[order_data['takeout_flag'] == 1, 'takeout_name'] = 'お持ち帰り'
            order_data.loc[order_data['status'] == 0, 'status_name'] = '受付'
            order_data.loc[order_data['status'] == 1, 'status_name'] = 'お支払済'
            order_data.loc[order_data['status'] == 2, 'status_name'] = 'お渡し済'
            order_data.loc[order_data['status'] == 9, 'status_name'] = 'キャンセル'

            order_data.loc[:,'order_accept_datetime'] = pd.to_datetime(order_data['order_accept_date'])
            order_data.loc[:,'delivered_datetime'] = pd.to_datetime(order_data['delivered_date'])
            order_data.loc[:,'delta'] = order_data[['order_accept_datetime', 'delivered_datetime']].apply(calc_delta, axis=1)
            order_data.loc[:,'order_accept_hour'] = order_data['order_accept_datetime'].dt.hour
            order_data.loc[:,'order_accept_weekday'] = order_data['order_accept_datetime'].dt.weekday
            order_data.loc[order_data['order_accept_weekday'] >= 5, 'weekday_info'] = '休日'
            order_data.loc[order_data['order_accept_weekday'] < 5, 'weekday_info'] = '平日'

            store_data = order_data.groupby(['store_name']).count()[['order_id']]
            store_f = order_data.loc[(order_data['status_name']=='お渡し済')|
                            (order_data['status_name']=='お支払済')].groupby(['store_name']).count()[['order_id']]
            store_c = order_data.loc[order_data['status_name']=='キャンセル'].groupby(['store_name']).count()[['order_id']]
            store_d = order_data.loc[order_data['takeout_name']=='デリバリー'].groupby(['store_name']).count()[['order_id']]
            store_t = order_data.loc[order_data['takeout_name']=='お持ち帰り'].groupby(['store_name']).count()[['order_id']]
            store_weekday = order_data.loc[order_data['weekday_info']=='平日'].groupby(['store_name']).count()[['order_id']]
            store_weekend = order_data.loc[order_data['weekday_info']=='休日'].groupby(['store_name']).count()[['order_id']]
            times = order_data['order_accept_hour'].unique()
            store_time = []
            for time in times:
                time_tmp = order_data.loc[order_data['order_accept_hour']==time].groupby(['store_name']).count()[['order_id']]
                time_tmp.columns = [f'order_time_{time}']
                store_time.append(time_tmp)
            store_time = pd.concat(store_time, axis=1)
            store_delta = order_data.loc[order_data['status_name']!='キャンセル'].groupby(['store_name']).mean()[['delta']]
            store_data.columns = ['order']
            store_f.columns = ['order_fin']
            store_c.columns = ['order_cancel']
            store_d.columns = ['order_delivery']
            store_t.columns = ['order_takeout']
            store_delta.columns = ['delta_avg']
            store_weekday.columns = ['order_weekday']
            store_weekend.columns = ['order_weekend']
            store_data = pd.concat([store_data, store_f, store_c, store_d, store_t,
                            store_weekday, store_weekend, store_time, store_delta], axis=1)
            return store_data
```

それでは、実際に関数を呼び出し、店舗別の集計を行いましょう。

その際に、store_nameをインデックスから列に移動させ、year_month列も追加しましょう。これらの列を追加しないと、store_monthly_dataに追加できません。

```
store_data = data_processing(target_data)
store_data.reset_index(drop=False, inplace=True)
store_data.loc[:,'year_month'] = tg_ym
store_data.head(1)
```

■図9-7：店舗別集計データの作成

これで、更新データの店舗別データへの集計は終了です。
続いて、store_monthly_dataへの追加更新に移りましょう。

ノック83：
月次店舗データの更新をしよう

更新は、端的に言えば、ユニオンすれば良いので、concatにより結合はできます。ただし、何度も更新すると、同じ年月の同じ店舗のデータが複数存在してしまいます。そのため、重複の削除を必ず入れるようにしましょう。その際に、最新データを残すようにします。

```
store_monthly_data = pd.read_csv(os.path.join(store_monthly_dir, store_monthly_file))
print(f'更新前：{len(store_monthly_data)}件')
store_monthly_data = pd.concat([store_monthly_data, store_data], ignore_index=True)
store_monthly_data.loc[:, 'year_month'] = store_monthly_data['year_month'].astype(str)
```

第2部 機械学習システム
第9章 小規模機械学習システムを作成する10本ノック

```
store_monthly_data.drop_duplicates(subset=['store_name','year_month'], inp
lace=True, keep='last')
print(f'更新後：{len(store_monthly_data)}件')
store_monthly_data.to_csv(os.path.join(store_monthly_dir, store_monthly_fi
le), index=False)
```

■図9-8：店舗別データの追加更新

```
ノック83：月次店舗データの更新をしよう

[49]  store_monthly_data = pd.read_csv(os.path.join(store_monthly_dir, store_monthly_file))
      print(f'更新前：{len(store_monthly_data)}件')
      store_monthly_data = pd.concat([store_monthly_data, store_data], ignore_index=True)
      store_monthly_data.loc[:, 'year_month'] = store_monthly_data['year_month'].astype(str)
      store_monthly_data.drop_duplicates(subset=['store_name','year_month'], inplace=True, keep='last')
      print(f'更新後：{len(store_monthly_data)}件')
      store_monthly_data.to_csv(os.path.join(store_monthly_dir, store_monthly_file), index=False)

      更新前：2340件
      更新後：2535件
```

2340件から2535件に増えていることが確認できました。再度、同じセルを実行してみて下さい。

■図9-9：再度店舗別データの追加更新をした場合

```
ノック83：月次店舗データの更新をしよう

[50]  store_monthly_data = pd.read_csv(os.path.join(store_monthly_dir, store_monthly_file))
      print(f'更新前：{len(store_monthly_data)}件')
      store_monthly_data = pd.concat([store_monthly_data, store_data], ignore_index=True)
      store_monthly_data.loc[:, 'year_month'] = store_monthly_data['year_month'].astype(str)
      store_monthly_data.drop_duplicates(subset=['store_name','year_month'], inplace=True, keep='last')
      print(f'更新後：{len(store_monthly_data)}件')
      store_monthly_data.to_csv(os.path.join(store_monthly_dir, store_monthly_file), index=False)

      更新前：2535件
      更新後：2535件
```

更新件数が2535件から変化しないことがわかります。
追加更新は完了です。

⚾ ノック84：
機械学習用データの作成と更新をしよう

ここからは、機械学習用データの作成を行っていきます。これは第6章で行った部分です。目的変数を作成し、目的変数と説明変数の紐づけを行います。

```
from dateutil.relativedelta import relativedelta
y = store_monthly_data[['store_name', 'year_month','order_weekday', 'orde
r_weekend']].copy()
```

ノック84：機械学習用データの作成と更新をしよう

```python
y.loc[:,'one_month_ago'] = pd.to_datetime(y['year_month'], format='%Y%m')
y.loc[:,'one_month_ago'] = y['one_month_ago'].map(lambda x: x - relativede
lta(months=1))
y.loc[:,'one_month_ago'] = y['one_month_ago'].dt.strftime('%Y%m')
```

```python
y_one_month_ago = y.copy()
y_one_month_ago.rename(columns={'order_weekday':'order_weekday_one_month_a
go', 'order_weekend':'order_weekend_one_month_ago', 'year_month':'year_mon
th_for_join'}, inplace=True)
```

```python
y = pd.merge(y, y_one_month_ago[['store_name', 'year_month_for_join', 'ord
er_weekday_one_month_ago', 'order_weekend_one_month_ago']], left_on=['stor
e_name', 'one_month_ago'], right_on=['store_name','year_month_for_join'],
how='left')
```

```python
y.dropna(inplace=True)
y.loc[y['order_weekday'] - y['order_weekday_one_month_ago'] > 0, 'y_weekda
y'] = 1
y.loc[y['order_weekday'] - y['order_weekday_one_month_ago'] <= 0, 'y_weekd
ay'] = 0
y.loc[y['order_weekend'] - y['order_weekend_one_month_ago'] > 0, 'y_weeken
d'] = 1
y.loc[y['order_weekend'] - y['order_weekend_one_month_ago'] <= 0, 'y_weeke
nd'] = 0
```

```python
y.rename(columns={'year_month':'target_year_month'},inplace=True)
y = y[['store_name','target_year_month', 'one_month_ago', 'y_weekday', 'y_
weekend']].copy()
ml_data = pd.merge(y, store_monthly_data, left_on=['store_name','one_mont
h_ago'], right_on=['store_name','year_month'], how='left')
```

```python
del ml_data["target_year_month"]
```

```python
del ml_data["one_month_ago"]
```

```python
ml_data.head(3)
```

269

第2部 機械学習システム
第9章 小規模機械学習システムを作成する10本ノック

■図9-10：機械学習用データの作成

ノック84：機械学習用データの作成と更新をしよう

```
In [7]: from dateutil.relativedelta import relativedelta
        y = store_monthly_data[['store_name','year_month','order_weekday','order_weekend']].copy()
        y.loc[:,'one_month_ago'] = pd.to_datetime(y['year_month'], format='%Y%m')
        y.loc[:,'one_month_ago'] = y['one_month_ago'].map(lambda x: x - relativedelta(months=1))
        y.loc[:,'one_month_ago'] = y['one_month_ago'].dt.strftime('%Y%m')

        y_one_month_ago = y.copy()
        y_one_month_ago.rename(columns={'order_weekday':'order_weekday_one_month_ago',
                                        'order_weekend':'order_weekend_one_month_ago',
                                        'year_month':'year_month_for_join'}, inplace=True)

        y = pd.merge(y, y_one_month_ago[['store_name', 'year_month_for_join',
                                         'order_weekday_one_month_ago', 'order_weekend_one_month_ago']],
                                left_on=['store_name', 'one_month_ago'],
                                right_on=['store_name','year_month_for_join'], how='left')

        y.dropna(inplace=True)
        y.loc[y['order_weekday'] - y['order_weekday_one_month_ago'] > 0, 'y_weekday'] = 1
        y.loc[y['order_weekday'] - y['order_weekday_one_month_ago'] <= 0, 'y_weekday'] = 0
        y.loc[y['order_weekend'] - y['order_weekend_one_month_ago'] > 0, 'y_weekend'] = 1
        y.loc[y['order_weekend'] - y['order_weekend_one_month_ago'] <= 0, 'y_weekend'] = 0

        y.rename(columns={'year_month':'target_year_month'},inplace=True)
        y = y[['store_name','target_year_month', 'one_month_ago', 'y_weekday', 'y_weekend']].copy()
        ml_data = pd.merge(y, store_monthly_data, left_on=['store_name','one_month_ago'],
                                right_on=['store_name','year_month'], how='left')

        del ml_data["target_year_month"]
        del ml_data["one_month_ago"]
        ml_data.head(3)
```

Out[7]:

_weekend	...	order_time_14	order_time_15	order_time_16	order_time_17	order_time_18	order_time_19	order_time_20	order_time_21	delta_avg	year_month
303	...	101	95	107	106	100	108	109	96	34.110053	201904
400	...	143	142	137	130	113	140	132	155	35.337716	201904
272	...	95	102	82	90	93	95	95	84	34.291617	201904

　次に、ml_base_dataの更新と追加を行います。先ほどの**ノック83**とほぼ同じです。

```
ml_base_data = pd.read_csv(os.path.join(ml_base_dir, ml_base_file))
print(f'更新前：{len(ml_base_data)}件')
ml_base_data = pd.concat([ml_base_data, ml_data], ignore_index=True)
ml_base_data.loc[:, 'year_month'] = ml_base_data['year_month'].astype(str)
ml_base_data.drop_duplicates(subset=['store_name','year_month'], inplace=True, keep='last')
print(f'更新後：{len(ml_base_data)}件')
ml_base_data.to_csv(os.path.join(ml_base_dir, ml_base_file), index=False)
```

■図9-11：機械学習用データの作成

```
[G7]: ml_base_data = pd.read_csv(os.path.join(ml_base_dir, ml_base_file))
      print(f'更新前：{len(ml_base_data)}件')
      ml_base_data = pd.concat([ml_base_data, ml_data], ignore_index=True)
      ml_base_data.loc[:, 'year_month'] = ml_base_data['year_month'].astype(str)
      ml_base_data.drop_duplicates(subset=['store_name','year_month'], inplace=True, keep='last')
      print(f'更新後：{len(ml_base_data)}件')
      ml_base_data.to_csv(os.path.join(ml_base_dir, ml_base_file), index=False)

      更新前：2145件
      更新後：2340件
```

270

2145件から2340件まで増えているのが確認できました。**ノック83**と同様に同じセルを再度実行しても、更新件数が変わらないので試してみても良いでしょう。

これでデータの加工は終了です。**ノック85、86**では機械学習のモデル構築を行います。**ノック87、88、89**では新規予測を実施した後に現場向けレポートを出力します。

まずは、機械学習のモデル構築を行います。

ノック85：
機械学習モデル用の事前データ加工をしよう

機械学習用データが更新されたので、そのデータで**モデル構築**を行いましょう。まずは、データの加工です。前半では、カテゴリカル変数の対応、後半では学習とテストデータの分割をしていきます。

```
category_data = pd.get_dummies(ml_base_data['store_name'], prefix='store',prefix_sep='_')
del category_data['store_麻生店']
del ml_base_data['year_month']
del ml_base_data['store_name']
ml_base_data = pd.concat([ml_base_data, category_data],axis=1)

from sklearn.model_selection import train_test_split
train_data, test_data = train_test_split(ml_base_data, test_size=0.3, random_state=0)
print(f'Train：{len(train_data)}件/ Test:{len(test_data)}')
print(f'Weekday Train0：{len(train_data.loc[train_data["y_weekday"]==0])}件')
print(f'Weekday Train1：{len(train_data.loc[train_data["y_weekday"]==1])}件')
print(f'Weekday Test0：{len(test_data.loc[test_data["y_weekday"]==0])}件')
print(f'Weekday Test1：{len(test_data.loc[test_data["y_weekday"]==1])}件')
```

```
print(f'Weekend Train0：{len(train_data.loc[train_data["y_weekend"]==0])}
件')
print(f'Weekend Train1：{len(train_data.loc[train_data["y_weekend"]==1])}
件')
print(f'Weekend Test0：{len(test_data.loc[test_data["y_weekend"]==0])}件')
print(f'Weekend Test1：{len(test_data.loc[test_data["y_weekend"]==1])}件')
```

■図9-12：機械学習用の事前データ加工

ここは、今までやってきたことなので、もうおわかりですね。これで、モデル構築の準備がほぼ整いました。

ノック86：機械学習モデルの構築・評価をしよう

機械学習モデルの構築に向けて、第7章で行ったモデル構築と評価を行う関数を準備しましょう。

```
def make_model_and_eval(model, X_train, X_test, y_train, y_test):
    model.fit(X_train, y_train)
    y_pred_train = model.predict(X_train)
    y_pred_test = model.predict(X_test)
```

ノック86：機械学習モデルの構築・評価をしよう

```
    acc_train = accuracy_score(y_train, y_pred_train)

    acc_test = accuracy_score(y_test, y_pred_test)

    f1_train = f1_score(y_train, y_pred_train)

    f1_test = f1_score(y_test, y_pred_test)

    recall_train = recall_score(y_train, y_pred_train)

    recall_test = recall_score(y_test, y_pred_test)

    precision_train = precision_score(y_train, y_pred_train)

    precision_test = precision_score(y_test, y_pred_test)

    tn_train, fp_train, fn_train, tp_train = confusion_matrix(y_train, y_p
red_train).ravel()

    tn_test, fp_test, fn_test, tp_test = confusion_matrix(y_test, y_pred_t
est).ravel()

    score_train = pd.DataFrame({'DataCategory':['train'],'acc':[acc_train]
,'f1':[f1_train], 'recall':[recall_train],'precision':[precision_train],
'tp':[tp_train],'fn':[fn_train],'fp':[fp_train],'tn':[tn_train]})

    score_test = pd.DataFrame({'DataCategory':['test'], 'acc':[acc_test],'
f1':[f1_test], 'recall':[recall_test],'precision':[precision_test], 'tp':[
tp_test],'fn':[fn_test],'fp':[fp_test],'tn':[tn_test]})

    score = pd.concat([score_train,score_test], ignore_index=True)

    importance = pd.DataFrame({'cols':X_train.columns, 'importance':model.
feature_importances_})

    importance = importance.sort_values('importance', ascending=False)

    cols = pd.DataFrame({'X_cols':X_train.columns})

    display(score)

    return score, importance, model, cols
```

■図9-13：モデル構築および評価を行う関数

```
[7]: def make_model_and_eval(model, X_train, X_test, y_train, y_test):
        model.fit(X_train, y_train)
        y_pred_train = model.predict(X_train)
        y_pred_test = model.predict(X_test)

        acc_train = accuracy_score(y_train, y_pred_train)
        acc_test = accuracy_score(y_test, y_pred_test)
        f1_train = f1_score(y_train, y_pred_train)
        f1_test = f1_score(y_test, y_pred_test)
        recall_train = recall_score(y_train, y_pred_train)
        recall_test = recall_score(y_test, y_pred_test)
        precision_train = precision_score(y_train, y_pred_train)
        precision_test = precision_score(y_test, y_pred_test)
        tn_train, fp_train, fn_train, tp_train = confusion_matrix(y_train, y_pred_train).ravel()
        tn_test, fp_test, fn_test, tp_test = confusion_matrix(y_test, y_pred_test).ravel()
        score_train = pd.DataFrame({'DataCategory':['train'],'acc':[acc_train],'f1':[f1_train],
                                    'recall':[recall_train],'precision':[precision_train],
                                    'tp':[tp_train],'fn':[fn_train],'fp':[fp_train],'tn':[tn_train]})
        score_test = pd.DataFrame({'DataCategory':['test'], 'acc':[acc_test],'f1':[f1_test],
                                    'recall':[recall_test],'precision':[precision_test],
                                    'tp':[tp_test],'fn':[fn_test],'fp':[fp_test],'tn':[tn_test]})
        score = pd.concat([score_train,score_test], ignore_index=True)
        importance = pd.DataFrame({'cols':X_train.columns, 'importance':model.feature_importances_})
        importance = importance.sort_values('importance', ascending=False)
        cols = pd.DataFrame({'X_cols':X_train.columns})
        display(score)
        return score, importance, model, cols
```

273

第2部 機械学習システム
第9章 小規模機械学習システムを作成する10本ノック

　次に、モデル構築と出力を行います。モデルは、平日/休日モデルの両方を作成します。アルゴリズムもこれまでと変えずに、決定木、RandomForest、GradientBoostの三種類で進めていきましょう。これは、**ノック70**が参考になります。ただし、出力先は、現在時刻の取得をやめて、tg_ymをフォルダ名につける形にしましょう。

```python
from sklearn.metrics import accuracy_score, f1_score, recall_score, precision_score,confusion_matrix
from sklearn.ensemble import RandomForestClassifier, GradientBoostingClassifier
from sklearn.tree import DecisionTreeClassifier
import pickle

X_cols = list(train_data.columns)
X_cols.remove('y_weekday')
X_cols.remove('y_weekend')
targets_y = ['y_weekday', 'y_weekend']

target_output_dir_name = f'results_{tg_ym}'
target_output_dir = os.path.join(output_ml_result_dir, target_output_dir_name)
os.makedirs(target_output_dir, exist_ok=True)
print(target_output_dir)

score_all = []
importance_all = []

for target_y in targets_y:
    y_train = train_data[target_y]
    X_train = train_data[X_cols]
    y_test = test_data[target_y]
    X_test = test_data[X_cols]
```

274

ノック86：機械学習モデルの構築・評価をしよう

```
    models = {'tree': DecisionTreeClassifier(random_state=0), 'RandomFores
t':RandomForestClassifier(random_state=0), 'GradientBoosting':GradientBoos
tingClassifier(random_state=0)}


    for model_name, model in models.items():
        print(model_name)
        score, importance, model, cols = make_model_and_eval(model, X_trai
n, X_test, y_train, y_test)
        score['model_name'] = model_name
        importance['model_name'] = model_name
        score['model_target'] = target_y
        importance['model_target'] = target_y


        model_nema = f'model_{target_y}_{model_name}.pickle'
        model_path = os.path.join(target_output_dir, model_nema)
        with open(model_path, mode='wb') as f:
            pickle.dump(model, f, protocol=2)
        score_all.append(score)
        importance_all.append(importance)


score_all = pd.concat(score_all, ignore_index=True)
importance_all = pd.concat(importance_all, ignore_index=True)
cols = pd.DataFrame({'X_cols':X_train.columns})


score_name = 'score.csv'
importance_name = 'importance.csv'
cols_name = 'X_cols.csv'
score_path = os.path.join(target_output_dir, score_name)
importance_path = os.path.join(target_output_dir, importance_name)
cols_path = os.path.join(target_output_dir, cols_name)
score_all.to_csv(score_path, index=False)
importance_all.to_csv(importance_path, index=False)
cols.to_csv(cols_path, index=False)
```

275

第2部 機械学習システム
第9章 小規模機械学習システムを作成する10本ノック

■図9-14：モデル構築および評価

```
In [11]: from sklearn.metrics import accuracy_score, f1_score, recall_score, precision_score,confusion_matrix
         from sklearn.ensemble import RandomForestClassifier, GradientBoostingClassifier
         from sklearn.tree import DecisionTreeClassifier
         import pickle

         X_cols = list(train_data.columns)
         X_cols.remove('y_weekday')
         X_cols.remove('y_weekend')
         targets_y = ['y_weekday', 'y_weekend']

         target_output_dir_name = f'results_{tg_ym}'
         target_output_dir = os.path.join(output_ml_result_dir, target_output_dir_name)
         os.makedirs(target_output_dir, exist_ok=True)
         print(target_output_dir)

         score_all = []
         importance_all = []

         for target_y in targets_y:
             y_train = train_data[target_y]
             X_train = train_data[X_cols]
             y_test = test_data[target_y]
             X_test = test_data[X_cols]

             models = {'tree': DecisionTreeClassifier(random_state=0),
                       'RandomForest':RandomForestClassifier(random_state=0),
                       'GradientBoosting':GradientBoostingClassifier(random_state=0)}

             for model_name, model in models.items():
                 print(model_name)
                 score, importance, model, cols = make_model_and_eval(model, X_train, X_test, y_train, y_test)
                 score['model_name'] = model_name
                 importance['model_name'] = model_name
                 score['model_target'] = target_y
                 importance['model_target'] = target_y

                 model_nema = f'model_{target_y}_{model_name}.pickle'
                 model_path = os.path.join(target_output_dir, model_nema)
                 with open(model_path, mode='wb') as f:
                     pickle.dump(model, f, protocol=2)
                 score_all.append(score)
                 importance_all.append(importance)

         score_all = pd.concat(score_all, ignore_index=True)
         importance_all = pd.concat(importance_all, ignore_index=True)
         cols = pd.DataFrame({'X_cols':X_train.columns})
```

```
         score_name = 'score.csv'
         importance_name = 'importance.csv'
         cols_name = 'X_cols.csv'
         score_path = os.path.join(target_output_dir, score_name)
         importance_path = os.path.join(target_output_dir, importance_name)
         cols_path = os.path.join(target_output_dir, cols_name)
         score_all.to_csv(score_path, index=False)
         importance_all.to_csv(importance_path, index=False)
         cols.to_csv(cols_path, index=False)
```

```
data/10_output_ml_result/results_202004
tree
```

	DataCategory	acc	f1	recall	precision	tp	fn	fp	tn
0	train	1.000000	1.000000	1.000000	1.000000	861	0	0	777
1	test	0.811966	0.829016	0.818414	0.839895	320	71	61	250

```
RandomForest
```

	DataCategory	acc	f1	recall	precision	tp	fn	fp	tn
0	train	1.000000	1.000000	1.000000	1.00000	861	0	0	777
1	test	0.792023	0.816121	0.828645	0.80397	324	67	79	232

```
GradientBoosting
```

	DataCategory	acc	f1	recall	precision	tp	fn	fp	tn
0	train	0.865079	0.875212	0.900116	0.851648	775	86	135	642
1	test	0.801994	0.824716	0.836317	0.813433	327	64	75	236

```
tree
```

	DataCategory	acc	f1	recall	precision	tp	fn	fp	tn
0	train	1.000000	1.000000	1.000000	1.000000	795	0	0	843
1	test	0.717949	0.709677	0.697406	0.722388	242	105	93	262

```
RandomForest
```

	DataCategory	acc	f1	recall	precision	tp	fn	fp	tn
0	train	1.000000	1.000000	1.000000	1.000000	795	0	0	843
1	test	0.824786	0.805071	0.731988	0.894366	254	93	30	325

```
GradientBoosting
```

	DataCategory	acc	f1	recall	precision	tp	fn	fp	tn
0	train	0.862637	0.849900	0.801258	0.90483	637	158	67	776
1	test	0.839031	0.822047	0.752161	0.90625	261	86	27	328

これで、モデルの構築は完了しました。

10_output_ml_resultフォルダにモデルの結果が入っています。ここで、modelsにあるモデルファイルと交換しても良いのですが、毎月更新するべきなのかは、数か月間モデル精度を見て判断するのが良いので、自動で更新する形にはしていません。意図しないデータが入ると、逆効果な可能性もあるので、新規データ予測をどのモデルで予測するかは慎重に検討しましょう。

第2部 機械学習システム
第9章 小規模機械学習システムを作成する10本ノック

ノック87：
新規データ予測に向けた下準備をしよう

　それでは、ここからは新規データ予測に入っていきます。まずは下準備からです。
　下準備は、カテゴリカル変数の対応と、説明変数列への絞り込みの2つを実施するデータの準備と、モデルファイルの準備です。まずは、データの準備からです。ここも、第8章で行ったことなので、特段難しくはないかと思います。

```
category_data = pd.get_dummies(store_data['store_name'], prefix='store' ,p
refix_sep='_')
del category_data['store_麻生店']
store_data = pd.concat([store_data, category_data],axis=1)


X_cols_name = 'X_cols.csv'
X_cols = pd.read_csv(os.path.join(model_dir, X_cols_name))
X_cols = X_cols['X_cols']


X = store_data[X_cols].copy()
```

■図9-15：予測に向けたデータ準備

```
ノック87：新規データ予測に向けた下準備をしよう

category_data = pd.get_dummies(store_data['store_name'], prefix='store' ,prefix_sep='_')
del category_data['store_麻生店']
store_data = pd.concat([store_data, category_data],axis=1)

X_cols_name = 'X_cols.csv'
X_cols = pd.read_csv(os.path.join(model_dir, X_cols_name))
X_cols = X_cols['X_cols']

X = store_data[X_cols].copy()
```

　これで、予測用のデータが整いました。続いて、モデルの準備をしていきます。

```
model_weekday_name = 'model_y_weekday_GradientBoosting.pickle'
model_weekend_name = 'model_y_weekend_GradientBoosting.pickle'


model_weekday_path = os.path.join(model_dir, model_weekday_name)
model_weekend_path = os.path.join(model_dir, model_weekend_name)
```

ノック88：新規データの予測をしよう

```
with open(model_weekday_path, mode='rb') as f:
    model_weekday = pickle.load(f)

with open(model_weekend_path, mode='rb') as f:
    model_weekend = pickle.load(f)
```

■図9-16：モデルファイルの読み込み

```
[75]: model_weekday_name = 'model_y_weekday_GradientBoosting.pickle'
      model_weekend_name = 'model_y_weekend_GradientBoosting.pickle'

      model_weekday_path = os.path.join(model_dir, model_weekday_name)
      model_weekend_path = os.path.join(model_dir, model_weekend_name)

      with open(model_weekday_path, mode='rb') as f:
          model_weekday = pickle.load(f)

      with open(model_weekend_path, mode='rb') as f:
          model_weekend = pickle.load(f)
```

これで予測を行う準備はすべて完了です。次は、新規データの予測を行いましょう。

ノック88： 新規データの予測をしよう

それでは、予測を行います。ここも第8章を参考に書いていきましょう。これまでやったことと同じ処理が続きますが、復習だと思って頑張ってみて下さい。処理自体は同じですが、ぜひとも全体の流れが整理されていくのを実感していただければと思います。

```
pred_weekday = model_weekday.predict(X)
pred_weekend = model_weekend.predict(X)
pred_proba_weekday = model_weekday.predict_proba(X)[:,1]
pred_proba_weekend = model_weekend.predict_proba(X)[:,1]
pred = pd.DataFrame({'pred_weekday':pred_weekday, 'pred_weekend':pred_week
end, 'score_weekday':pred_proba_weekday, 'score_weekend':pred_proba_weeken
d})
pred.loc[:,'store_name'] = store_data['store_name']
pred.loc[:,'year_month'] = tg_ym
pred.head(3)
```

279

▶図9-17：新規データ予測

　これで、新規データの予測は終了です。続いて、現場向けレポートを作成・出力して、更新データが来た際の基本処理は終了になります。

ノック89：
現場向けレポートを作成し出力しよう

　それでは、現場向けレポートを作成していきます。第8章と同様に今回の更新データが実績データとなります。ではやっていきましょう。

```
target_cols = ['store_name', 'order', 'order_fin', 'order_cancel', 'order_delivery', 'order_takeout', 'order_weekday', 'order_weekend', 'delta_avg']
store_data = store_data[target_cols]
actual_cols = ['store_name']
rename_cols = [x + f'_{tg_ym}' for x in store_data.columns if x != 'store_name']
actual_cols.extend(rename_cols)
store_data.columns = actual_cols
store_data.head(3)
```

ノック89：現場向けレポートを作成し出力しよう

■図9-18：実績データの作成

```
ノック89：現場向けレポートを作成し出力しよう
In [16]: target_cols = ['store_name', 'order', 'order_fin', 'order_cancel', 'order_delivery',
             'order_takeout', 'order_weekday', 'order_weekend', 'delta_avg']
         store_data = store_data[target_cols]
         actual_cols = ['store_name']
         rename_cols = [x + f'_{tg_ym}' for x in store_data.columns if x != 'store_name']
         actual_cols.extend(rename_cols)
         store_data.columns = actual_cols
         store_data.head(3)
```

	store_name	order_202004	order_fin_202004	order_cancel_202004	order_delivery_202004	order_takeout_202004	order_weekday_202004	order_weekend_2020
0	あきる野店	1147	945	202	848	299	842	3
1	さいたま南店	1500	1222	278	1128	372	1101	3
2	さいたま緑店	1021	850	171	751	270	745	2

　次に、scoreの４分割を行い、実績データを結合し、現場向けレポートを仕上げます。最後に、レポートを出力します。

```
pred.loc[pred['score_weekday'] >= 0.75,'オーダー予測 平日'] = '増加大'
pred.loc[(pred['score_weekday'] < 0.75)&(pred['score_weekday'] >= 0.5),'オ
ーダー予測 平日'] = '増加'
pred.loc[(pred['score_weekday'] < 0.5)&(pred['score_weekday'] >= 0.25),'オ
ーダー予測 平日'] = '減少'
pred.loc[pred['score_weekday'] < 0.25,'オーダー予測 平日'] = '減少大'

pred.loc[pred['score_weekend'] >= 0.75,'オーダー予測 休日'] = '増加大'
pred.loc[(pred['score_weekend'] < 0.75)&(pred['score_weekend'] >= 0.5),'オ
ーダー予測 休日'] = '増加'
pred.loc[(pred['score_weekend'] < 0.5)&(pred['score_weekend'] >= 0.25),'オ
ーダー予測 休日'] = '減少'
pred.loc[pred['score_weekend'] < 0.25,'オーダー予測 休日'] = '減少大'

report = pred[['store_name','オーダー予測 平日','オーダー予測 休日', 'scor
e_weekday', 'score_weekend']]
report = pd.merge(report, store_data , on='store_name', how='left')

pred_ym = datetime.datetime.strptime(tg_ym, '%Y%m')
from dateutil.relativedelta import relativedelta
pred_ym = pred_ym + relativedelta(months=1)
```

281

第2部 機械学習システム
第9章 小規模機械学習システムを作成する10本ノック

```python
pred_ym = datetime.datetime.strftime(pred_ym, '%Y%m')


report_name = f'report_pred_{pred_ym}.xlsx'
print(report_name)
report.to_excel(os.path.join(output_report_dir, report_name), index=False)
```

■図9-19：現場向けレポートの作成

```
[17]: pred.loc[pred['score_weekday'] >= 0.75,'オーダー予測 平日'] = '増加大'
      pred.loc[(pred['score_weekday'] < 0.75)&(pred['score_weekday'] >= 0.5),'オーダー予測 平日'] = '増加'
      pred.loc[(pred['score_weekday'] < 0.5)&(pred['score_weekday'] >= 0.25),'オーダー予測 平日'] = '減少'
      pred.loc[pred['score_weekday'] < 0.25,'オーダー予測 平日'] = '減少大'

      pred.loc[pred['score_weekend'] >= 0.75,'オーダー予測 休日'] = '増加大'
      pred.loc[(pred['score_weekend'] < 0.75)&(pred['score_weekend'] >= 0.5),'オーダー予測 休日'] = '増加'
      pred.loc[(pred['score_weekend'] < 0.5)&(pred['score_weekend'] >= 0.25),'オーダー予測 休日'] = '減少'
      pred.loc[pred['score_weekend'] < 0.25,'オーダー予測 休日'] = '減少大'

      report = pred[['store_name','オーダー予測 平日','オーダー予測 休日', 'score_weekday', 'score_weekend']]
      report = pd.merge(report, store_data, on='store_name', how='left')

      pred_ym = datetime.datetime.strptime(tg_ym, '%Y%m')
      from dateutil.relativedelta import relativedelta
      pred_ym = pred_ym + relativedelta(months=1)
      pred_ym = datetime.datetime.strftime(pred_ym, '%Y%m')

      report_name = f'report_pred_{pred_ym}.xlsx'
      print(report_name)
      report.to_excel(os.path.join(output_report_dir, report_name), index=False)
```

　これで、2020年4月のデータが上がってきた際の処理が完了しました。さて、もう一度データフローを可視化しノックとの関係を見てみましょう。まず最初に、データ加工からです。主なデータ加工は**ノック82、83、84**で、店舗別集計データのstore_monthly_dataと、機械学習用データのml_base_dataが更新され、データが常に蓄積されます。store_monthly_dataを押さえておけば、ml_base_dataは後からでも作成できます。

　次に、機械学習のモデル構築は、**ノック85、86**の2つです。データの事前加工を行う**ノック85**とモデル構築を行う**ノック86**になっています。新規データ予測は**ノック87、88、89**となっており、**ノック87**はデータの事前加工、**ノック88**で予測を行い、**ノック89**でレポートになります。機械学習のモデル構築も新規データ予測も、基本は事前加工からの、モデル構築や予測の流れになっています。如何でしょうか。非常にクリアになってきませんか。処理の流れがしっかりしていると、問題が起きた時に発見しやすく、また他の人との連携もしやすくなるでしょう。

■図9-20：処理フロー

　このあと、次ノックに進む前に、**ノック81**にあるtg_ymの値を202005から202008まで変えて、4回上から実行して下さい。これによって、2020年4月から2020年8月までの5か月分のモデル構築結果や、予測結果を得ることができます。

ノック90：機械学習モデルの精度推移を可視化しよう

　それでは、最後の1本は、何をするのでしょうか。それは、データを蓄積する価値を知ってもらうきっかけの1本にしたいと思います。2020年4月から2020年8月までの予測結果やモデル**精度評価**が蓄積されています。では、ここではモデルの精度評価の推移を見てみましょう。まずは、10_output_ml_resultにあるモデル精度評価結果をフォルダ毎に取得し、score.csvを結合しま

しょう。その際に、フォルダの名前を入れないと、いつ作られたモデルの精度なのかわからないので注意しましょう。

```
ml_results_dirs = os.listdir(output_ml_result_dir)
score_all = []
for ml_results_dir in ml_results_dirs:
    score_file_path = os.path.join(output_ml_result_dir,ml_results_dir, 'score.csv')
    score_monthly = pd.read_csv(score_file_path)
    score_monthly['dirs'] = ml_results_dir
    score_all.append(score_monthly)
score_all = pd.concat(score_all,ignore_index=True)
score_all.head()
```

■図9-21：モデル精度評価結果の結合

dir列があることで、モデル精度評価の推移を見ることができます。

ここでは、GradientBoosting、テストデータに絞って、休日/平日モデルともに可視化してみましょう。

```
score_all_gb = score_all.loc[(score_all['model_name']=='GradientBoosting')
&(score_all['DataCategory']=='test')]
model_targets = score_all_gb['model_target'].unique()
import matplotlib.pyplot as plt


for model_target in model_targets:
```

ノック90：機械学習モデルの精度推移を可視化しよう

```
        view_data = score_all_gb.loc[score_all_gb['model_target']==model_targe
t]
        plt.scatter(view_data['dirs'], view_data['acc'])
```

■図9-22：モデル精度評価結果の推移

これを見ると、4月から6月までは若干精度が増加している傾向ですが、7月まで含めたデータで学習をすると精度が低下しています。細かい部分はしっかり検証しないとわかりませんが、6月から施策を開始した効果が、7月に出始めているので、若干傾向が変わった可能性があります。

このように、データを蓄積していくことで、様々な知見を得ることができます。少しは、データを蓄積するメリットが見えたのではないでしょうか。

これで、小規模機械学習システムを作成する10本ノックは終わりです。これまで第6章から第8章で個別に行ってきたことが綺麗につながったのではないでしょうか。データは常に更新されていくものです。新しいデータをどんどん活用しつつ、蓄積することで様々な知見を得ることができます。その際には、データや処理フローを意識してプログラムを構築しておくと、ミスも起きにくく、仮にインプットデータやマスタデータが変更されることになっても落ち着いて対応できます。

さて、本書の100本ノックも残すところ10本となりました。最後は、**ノック**

285

第2部 機械学習システム
第9章 小規模機械学習システムを作成する10本ノック

90で入口に立った、蓄積データを使って、機械学習システムのダッシュボード
を作成します。

第10章
機械学習システムの
ダッシュボードを作成する
10本ノック

　第8章までに機械学習システムの機能を少しずつ実現し、さらに第9章ではデータの蓄積を意識しながら、小規模な機械学習システムを構築しました。ここまでくれば、データを蓄積することで得られる知見とその価値が、少し見えてきたのではないでしょうか。いよいよ第10章では集大成として、この価値ある情報を共有するためのダッシュボードを用意していきます。どれほど価値のある情報も、それが正しく伝わらなければ意味がありません。第1部で学んだ知識も総動員して、最後のノックに挑戦してみて下さい。

　　ノック91：単一データの読み込みをしよう
　　ノック92：更新データを読み込んで店舗別データを作成しよう
　　ノック93：機械学習モデルの重要変数データを読み込んで結合しよう
　　ノック94：機械学習モデルの予測結果を読み込んで結合しよう
　　ノック95：機械学習モデル用の事前データ加工をしよう
　　ノック96：店舗分析用ダッシュボードを作成しよう
　　ノック97：機械学習モデルの精度評価ダッシュボードを作成しよう
　　ノック98：機械学習モデルの混同行列ダッシュボードを作成しよう
　　ノック99：機械学習モデルの変数重要度の分析ダッシュボードを作成しよう
　　ノック100：機械学習モデルの予測結果検証のための可視化をしよう

あなたの状況

毎月発生するデータを上手に蓄積する仕組みを身に付けたあなたは、その蓄積データから見えてくる傾向を周囲と共有し、新たな施策につなげたいと考えます。そこで、これまで作成したダッシュボードに月次の情報を加えた店舗分析用のダッシュボードを用意しようと考えました。さらに、機械学習モデルの評価検証用ダッシュボードも作成することで、継続した評価検証を効率的に行うことができると考えました。

前提条件

今回使用するデータは、第9章で作成したstore_monthly_data.csvとml_base_data.csv、さらに月別で作成した機械学習の結果ファイルとなります。事前準備として、第9章のdataフォルダをそのまま第10章のフォルダにコピーして下さい。

■表10-1：データ一覧

No.	ファイル名	概要
1	store_monthly_data.csv	店舗の月毎の集計済みデータ。第9章で作成済み。
2	ml_base_data.csv	機械学習用のデータ。第9章で作成済み。
3	score.csv	機械学習モデルの精度評価結果ファイル。第9章で月別に作成済み。
4	importance.csv	機械学習モデルの重要変数データファイル。第9章で月別に作成済み。
5	report_pred_YYYYMM.xlsx	機械学習モデルの予測結果ファイル。第9章で月別に作成済み。

ノック91：
単一データの読み込みをしよう

それでは、蓄積されたデータの知見を引き出すためのダッシュボードを作っていきましょう。まず、**ノック91**から**ノック95**まではデータの加工になります。今回は、第9章で蓄積されたデータを使用するので、フォルダ構造は考える必要

ノック91：単一データの読み込みをしよう

がありません。まずは、読み込みに工夫がいらない store_monthly_data.csv と ml_base_data.csv のような単一データを読み込んでしまいましょう。

```python
import os
import pandas as pd
data_dir = 'data'
store_monthly_dir = os.path.join(data_dir, '01_store_monthly')
ml_base_dir = os.path.join(data_dir, '02_ml_base')

output_ml_result_dir = os.path.join(data_dir, '10_output_ml_result')
output_report_dir = os.path.join(data_dir, '11_output_report')

store_monthly_file = 'store_monthly_data.csv'
ml_base_file = 'ml_base_data.csv'

store_monthly_data = pd.read_csv(os.path.join(store_monthly_dir, store_monthly_file))
ml_base_data = pd.read_csv(os.path.join(ml_base_dir, ml_base_file))
display(store_monthly_data.head(3))
display(ml_base_data.head(3))
```

■図10-1：単一データの読み込み

　読み込みはもう慣れたものですね。続いて、**ノック90**でも行った機械学習モデルの精度評価結果を読み込みましょう。

289

第2部 機械学習システム
第10章 機械学習システムのダッシュボードを作成する10本ノック

ノック92：
更新データを読み込んで店舗別データを作成しよう

　ノック90でも述べましたが、モデルの精度評価結果は、score.csvとして保存されており、結合する際にデータにフォルダ名等を入れておかないと区別がつかなくなってしまいます。まずは、ノック90と同じ形で実行します。

```
ml_results_dirs = os.listdir(output_ml_result_dir)
score_all = []
for ml_results_dir in ml_results_dirs:
    score_file_path = os.path.join(output_ml_result_dir,ml_results_dir, 's
core.csv')
    score_monthly = pd.read_csv(score_file_path)
    score_monthly['dirs'] = ml_results_dir
    score_all.append(score_monthly)
score_all = pd.concat(score_all,ignore_index=True)
score_all.head()
```

■図10-2：精度評価結果の読み込み

ノック92：機械学習モデルの精度評価結果を読み込んで結合しよう

入力 [2]:
```
ml_results_dirs = os.listdir(output_ml_result_dir)
score_all = []
for ml_results_dir in ml_results_dirs:
    score_file_path = os.path.join(output_ml_result_dir,ml_results_dir, 'score.csv')
    score_monthly = pd.read_csv(score_file_path)
    score_monthly['dirs'] = ml_results_dir
    score_all.append(score_monthly)
score_all = pd.concat(score_all,ignore_index=True)
score_all.head()
```

出力[2]:

	DataCategory	acc	f1	recall	precision	tp	fn	fp	tn	model_name	model_target	dirs
0	train	1.000000	1.000000	1.000000	1.000000	861	0	0	777	tree	y_weekday	results_202004
1	test	0.811966	0.829016	0.818414	0.839895	320	71	61	250	tree	y_weekday	results_202004
2	train	1.000000	1.000000	1.000000	1.000000	861	0	0	777	RandomForest	y_weekday	results_202004
3	test	0.792023	0.816121	0.828645	0.803970	324	67	79	232	RandomForest	y_weekday	results_202004
4	train	0.865079	0.875212	0.900116	0.851648	775	86	135	642	GradientBoosting	y_weekday	results_202004

　dirsにresults_202004が入っています。ノック90では一旦無視しましたが、データのクレンジングを行い、年月列を作成しましょう。「_」で分割し、後ろを取れば年月が取得できますね。

290

ノック93：機械学習モデルの重要変数データを読み込んで結合しよう

```
score_all.loc[:,'year_month'] = score_all['dirs'].str.split('_', expand=Tr
ue)[1]
```

```
score_all.head()
```

■図10-3：年月の抽出

		DataCategory	acc	f1	recall	precision	tp	fn	fp	tn	model_name	model_target	dirs	year_month
入力 [3]: `score_all.loc[:,'year_month'] = score_all['dirs'].str.split('_', expand=True)[1]`
`score_all.head()`

出力[3]:

	DataCategory	acc	f1	recall	precision	tp	fn	fp	tn	model_name	model_target	dirs	year_month
0	train	1.000000	1.000000	1.000000	1.000000	861	0	0	777	tree	y_weekday	results_202004	202004
1	test	0.811966	0.829016	0.818414	0.839895	320	71	61	250	tree	y_weekday	results_202004	202004
2	train	1.000000	1.000000	1.000000	1.000000	861	0	0	777	RandomForest	y_weekday	results_202004	202004
3	test	0.792023	0.816121	0.828645	0.803970	324	67	79	232	RandomForest	y_weekday	results_202004	202004
4	train	0.865079	0.875212	0.900116	0.851648	775	86	135	642	GradientBoosting	y_weekday	results_202004	202004

これで、モデル精度評価結果を綺麗な形で整形できました。
続いて、同じようにモデルの重要変数データも結合しましょう。

ノック93：
機械学習モデルの重要変数データを読み込んで結合しよう

重要変数は、精度評価結果と同じようにフォルダに格納されています。ファイル名は、importance.csvとなります。

```
ml_results_dirs = os.listdir(output_ml_result_dir)
```

```
importance_all = []
```

```
for ml_results_dir in ml_results_dirs:
    importance_file_path = os.path.join(output_ml_result_dir,ml_results_di
r, 'importance.csv')
    importance_monthly = pd.read_csv(importance_file_path)
    importance_monthly['dirs'] = ml_results_dir
    importance_all.append(importance_monthly)
```

```
importance_all = pd.concat(importance_all,ignore_index=True)
```

```
importance_all.loc[:,'year_month'] = importance_all['dirs'].str.split('_',
expand=True)[1]
```

```
importance_all.head()
```

291

■図10-4:重要度変数データの結合

精度評価結果とほぼ同じ処理で行けますね。今後、精度評価結果と重要変数データの構成が変わらないようであれば、**ノック82**と統一して、一度のfor文で回して両方取得してしまうのも1つの手です。皆さんも挑戦してみて下さい。

ノック94:
機械学習モデルの予測結果を読み込んで結合しよう

次は、予測結果を結合しましょう。第9章を本書通りに実習した方であれば、2019年4月から2020年3月までのデータを用いて学習したモデルを使用して2020年4月から2020年8月までの予測を行ったデータになっています。予測結果を残しておくことで、実際のデータとの答え合わせが可能になります。学習・テストのように期間内で分割したデータとは違うので、本当の意味での精度を出すことができます。また、時間の経過や市場構造の変化によって、モデルが**陳腐化**してしまった場合も発見できるでしょう。

まずは、結合を行います。こちらは、**ノック92、93**と違い、11_output_reportフォルダ内に予測対象月別にエクセルで格納されています。必要なのはscoreなので、結合キーとなるstore_nameとscore_weekday、score_weekendの3列に絞りましょう。

ノック94：機械学習モデルの予測結果を読み込んで結合しよう

```
report_files = os.listdir(output_report_dir)
report_all = []
for report_file in report_files:
    report_file_path = os.path.join(output_report_dir, report_file)
    report_monthly = pd.read_excel(report_file_path)
    report_monthly = report_monthly[['store_name','score_weekday','score_w
eekend']].copy()
    report_monthly['files'] = report_file
    report_all.append(report_monthly)
report_all = pd.concat(report_all,ignore_index=True)
report_all.head()
```

■図10-5：予測結果データの結合

こちらも年月列が必要となるので、filesを分割して、予測した年月を取得しましょう。「.」で分割した後、12文字目より後ろを取れば取得できます。

```
report_all.loc[:,'pred_year_month'] = report_all['files'].str.split('.', e
xpand=True)[0]
report_all.loc[:,'pred_year_month'] = report_all['pred_year_month'].st
r[12:]
report_all.head()
```

293

■図10-6：予測した年月情報の抽出

```
入力[6]: report_all.loc[:,'pred_year_month'] = report_all['files'].str.split('.', expand=True)[0]
        report_all.loc[:,'pred_year_month'] = report_all['pred_year_month'].str[12:]
        report_all.head()
```

出力[8]:

	store_name	score_weekday	score_weekend	files	pred_year_month
0	あきる野店	0.567821	0.847881	report_pred_202005.xlsx	202005
1	さいたま南店	0.099261	0.775349	report_pred_202005.xlsx	202005
2	さいたま緑店	0.351067	0.898108	report_pred_202005.xlsx	202005
3	さいたま西店	0.256878	0.777520	report_pred_202005.xlsx	202005
4	つくば店	0.158105	0.792846	report_pred_202005.xlsx	202005

これで、予測した年月列を作成することができました。
続いて、機械学習モデルがはじき出したこの予測スコアは、正しかったのでしょうか。
それを検証するために、予測した年月に実績データをジョインしましょう。

ノック95：
機械学習モデル用の事前データ加工をしよう

今回の機械学習モデルは、前月よりも増加したかどうかです。機械学習用データであるml_base_dataは、既にy_weekday、y_weekendという列で、実績データの結果を教師データとして持っています。そこでml_base_dataを活用しましょう。ここで一点注意が必要なのは、ml_base_dataのyear_month列は予測時点の年月です。今回は1か月後の予測を行っているので、ml_base_dataの年月に1か月足さなくてはいけません。つまり、ml_base_dataの年月列が2020年7月であれば、y_weekday、y_weekendは、2020年8月のオーダーが2020年7月よりも増加した場合は1、減少した場合は0となっており、実際には2020年8月の実績なのです。そこに注意して、ml_base_dataの準備を行いましょう。

```
ml_data = ml_base_data[['store_name','y_weekday', 'y_weekend','year_month']].copy()
ml_data.loc[:,'pred_year_month'] = pd.to_datetime(ml_data['year_month'], format='%Y%m')
from dateutil.relativedelta import relativedelta
```

ノック95：機械学習モデル用の事前データ加工をしよう

```
ml_data.loc[:,'pred_year_month'] = ml_data['pred_year_month'].map(lambda
x: x + relativedelta(months=1))
ml_data.loc[:,'pred_year_month'] = ml_data['pred_year_month'].dt.strftime(
'%Y%m')
del ml_data['year_month']
ml_data.head(3)
```

■図10-7：機械学習用データの年月加算

　これで、1か月足した状態の年月列を作成しました。ジョインキーとなるので、予測結果データのreport_allの年月列と同じ名前にしています。
　では、report_allと結合しましょう。

```
report_valid = pd.merge(report_all, ml_data, on=['store_name','pred_year_m
onth'], how='left')
report_valid
```

■図10-8：予測結果データと検証データの結合

295

第2部 機械学習システム
第10章 機械学習システムのダッシュボードを作成する10本ノック

これを見ると、後ろの方のデータで、y_weekday、y_weekendが欠損しているのがわかります。これは、2020年9月の実績なので、まだ答えが出ていないのです。欠損は除外してしまいましょう。

```
report_valid.dropna(inplace=True)
report_valid
```

■図10-9：欠損データの除去

これで、後ろの方にあった2020年9月のデータが消え、8月までのデータであることがわかります。

ここまでで、データの加工は終了です。次回からは、これまで作成してきたデータを用いてダッシュボードを作成していきましょう。

ノック96：
店舗分析用ダッシュボードを作成しよう

機械学習モデルの**ダッシュボード**を作る前に、第1部で実習したような、現在の自分たちを知るためのダッシュボードも1つ作っておきましょう。そうすることで、後半に作成する機械学習用のダッシュボードも活きてきます。

蓄積されたデータとして、store_manthly_dataがあります。これであれば、月別の店舗毎の実績が可視化できます。ここでは、第3章で用いたipywidgetsを使って、店舗名をフィルタで切り替えられるようにしましょう。しっかり完了したオーダー件数order_finと、キャンセルされてしまったorder_cancelを時系列で可視化しましょう。

296

ノック96：店舗分析用ダッシュボードを作成しよう

```python
import seaborn as sns
from IPython.display import display, clear_output
from ipywidgets import Select, SelectMultiple
import matplotlib.pyplot as plt
import japanize_matplotlib


store_list = store_monthly_data['store_name'].unique()


def make_graph_96(val):
    clear_output()
    display(select_96)

    fig = plt.figure(figsize=(17,4))
    plt.subplots_adjust(wspace=0.25, hspace=0.6)

    for i, trg in enumerate(val['new']):
        pick_data = store_monthly_data.loc[store_monthly_data['store_name']==trg]
        graph_fin = pick_data[['store_name','order_fin', 'year_month']].copy()
        graph_fin.loc[:,'type'] = 'fin'
        graph_fin = graph_fin.rename(columns={'order_fin': 'count'})

        graph_cancel = pick_data[['store_name','order_cancel', 'year_month']].copy()
        graph_cancel.loc[:,'type'] = 'cancel'
        graph_cancel = graph_cancel.rename(columns={'order_cancel': 'count'})

        ax = fig.add_subplot(1, len(val['new']), (i+1))
        sns.pointplot(x="year_month", y="count", data=graph_fin, color='orange')
        sns.pointplot(x="year_month", y="count", data=graph_cancel, color='blue')
        ax.set_title(trg)
```

第2部 機械学習システム
第10章 機械学習システムのダッシュボードを作成する10本ノック

```
select_96 = SelectMultiple(options=store_list)
select_96.observe(make_graph_96, names='value')
display(select_96)
```

▮図10-10：店舗分析用ダッシュボード

　如何でしたでしょうか。第3章の応用でグラフが描画できると思います。第2部では初めてダッシュボードを作成するので、忘れていた方も多いのではないでしょうか。

ノック97：機械学習モデルの精度評価ダッシュボードを作成しよう

⚾ ノック97：
機械学習モデルの
精度評価ダッシュボードを作成しよう

　では、ここから機械学習のダッシュボードを作成していきます。まずは、**ノック90**の**精度評価**ダッシュボードを作成しましょう。毎月更新されたデータで毎月モデルを構築していますので、その際の精度を可視化します。**ノック90**では、現在使用しているモデルであるGradientBoostingのデータに絞り込みましたが、ここでは、model_nameを**フィルタ**で切り替えられるようにしましょう。平日モデルと休日モデルの精度は並べて表示します。

```
opt1 = ''

def s1_update_97(val):
    global opt1
    opt1 = val['new']
    graph_97()

def graph_97():
    clear_output()
    display(select1_97)

    graph_df_wd = score_all.loc[(score_all['model_name']==opt1)&(score_all
['model_target']=='y_weekday')].copy()
    graph_df_we = score_all.loc[(score_all['model_name']==opt1)&(score_all
['model_target']=='y_weekend')].copy()

    fig, (ax1, ax2) = plt.subplots(1, 2, figsize=(15,5))
    plt.subplots_adjust(wspace=0.25, hspace=0.6)
    ax1 = fig.add_subplot(1, 2, 1)
    sns.barplot(x='dirs', y='acc', data=graph_df_wd, hue='DataCategory')
    ax1.set_title('平日')

    ax2 = fig.add_subplot(1, 2, 2)
```

299

第2部 機械学習システム
第10章 機械学習システムのダッシュボードを作成する10本ノック

```
    sns.barplot(x='dirs', y='acc', data=graph_df_we, hue='DataCategory')
    ax2.set_title('休日')
```

```
s1_option_97 = score_all['model_name'].unique()

select1_97 = Select(options=s1_option_97)
select1_97.observe(s1_update_97, names='value')

display(select1_97)
```

■図10-11：モデル精度評価ダッシュボード

これで、一目で学習/テストの精度が確認できます。**ノック90**と同じように、7月のデータを学習に混ぜると精度が若干低下していることがわかります。どのモデルでも共通して低下しているかと思います。

ノック98：
機械学習モデルの
混同行列ダッシュボードを作成しよう

続けて、**混同行列**を可視化していきます。同じようにフィルタを使用しますが、model_nameと平日/休日モデルをフィルタにし、学習とテストデータでの結果を並べて表示します。

今度は複数フィルタなので、間違えないようにプログラムを書きましょう。

```
opt1 = ''
opt2 = ''

def s1_update_98(val):
    global opt1
    opt1 = val['new']
    graph_98()

def s2_update_98(val):
    global opt2
    opt2 = val['new']
    graph_98()

def graph_98():
    clear_output()
    display(select1_98, select2_98)

    for i, ym in enumerate(score_all['year_month'].unique()):
        fig, (ax1, ax2) = plt.subplots(1, 2, figsize=(15,5))
        plt.subplots_adjust(wspace=0.25, hspace=0.6)
```

第2部 機械学習システム
第10章 機械学習システムのダッシュボードを作成する10本ノック

```
        tmp = score_all.loc[(score_all['model_name']==opt1) & (score_all['
model_target']==opt2) & (score_all['DataCategory']=='train') & (score_all[
'year_month']==ym)]
        if len(tmp) == 1:
            maxcnt = tmp["tp"].values[0] + tmp["fn"].values[0] + tmp["f
p"].values[0] + tmp["tn"].values[0]
            cm = [[tmp['tp'].values[0]/maxcnt, tmp['fn'].values[0]/maxcn
t], [tmp['fp'].values[0]/maxcnt, tmp['tn'].values[0]/maxcnt]]
            ax1 = fig.add_subplot(1, 2, 1)
            sns.heatmap(cm, vmax=0.5, vmin=0, cmap='Blues', annot=True, xt
icklabels=False, yticklabels=False, cbar=False)
            ax1.set_title(f'{ym} train')


        tmp = score_all.loc[(score_all['model_name']==opt1) & (score_all['
model_target']==opt2) & (score_all['DataCategory']=='test') & (score_all['
year_month']==ym)]
        if len(tmp) == 1:
            maxcnt = tmp["tp"].values[0] + tmp["fn"].values[0] + tmp["f
p"].values[0] + tmp["tn"].values[0]
            cm = [[tmp['tp'].values[0]/maxcnt, tmp['fn'].values[0]/maxcn
t], [tmp['fp'].values[0]/maxcnt, tmp['tn'].values[0]/maxcnt]]
            ax2 = fig.add_subplot(1, 2, 2)
            sns.heatmap(cm, vmax=0.5, vmin=0, cmap='Blues', annot=True, xt
icklabels=False, yticklabels=False, cbar=False)
            ax2.set_title(f'{ym} test')


s1_option_98 = score_all['model_name'].unique()
s2_option_98 = score_all['model_target'].unique()


select1_98 = Select(options=s1_option_98)
select1_98.observe(s1_update_98, names='value')


select2_98 = Select(options=s2_option_98)
select2_98.observe(s2_update_98, names='value')
```

ノック98：機械学習モデルの混同行列ダッシュボードを作成しよう

```
display(select1_98, select2_98)
```

■図10-12：混同行列ダッシュボード

第2部 機械学習システム
第10章 機械学習システムのダッシュボードを作成する10本ノック

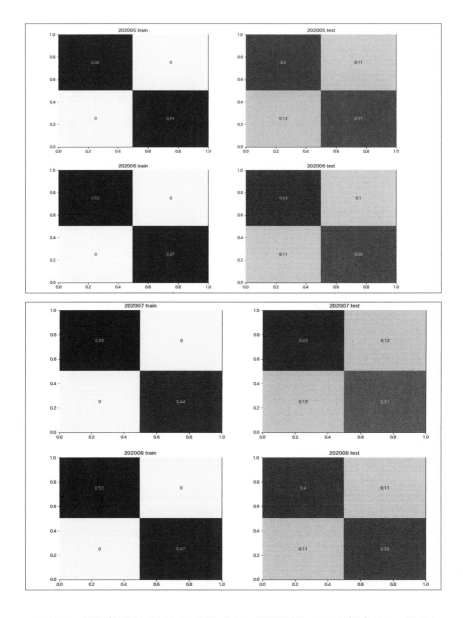

　これで、正解率だけではなく、どちらかに予測が偏っていた場合でも一目でわかり、評価の幅が広がります。第7章のモデル構築ではあまり行いませんでしたが、決定木やランダムフォレスト等の**モデル評価**も挑戦してみて下さい。混同行列で見ても、GradientBoosting以外は、**過学習**になっていることがわかりますね。

ノック99：機械学習モデルの変数重要度の分析ダッシュボードを作成しよう

ノック99：
機械学習モデルの変数重要度の
分析ダッシュボードを作成しよう

　続いて、変数**重要度**の可視化を行います。フィルタは、model_nameとモデル構築を実施した年月year_monthを設定します。**ノック96**からやってきたことを参考に挑戦してみましょう。

```python
opt1 = ''
opt2 = ''

def s1_update(val):
    global opt1
    opt1 = val['new']
    if opt2 != '':
        graph_by_multi()

def s2_update(val):
    global opt2
    opt2 = val['new']
    if opt1 != '':
        graph_by_multi()

def graph_by_multi():
    clear_output()
    display(select1, select2)

    importance_tg_wd = importance_all.loc[(importance_all['model_name']==o
pt1)& (importance_all['year_month']==opt2)& (importance_all['model_target'
]=='y_weekday')].copy()

    importance_tg_we = importance_all.loc[(importance_all['model_name']==o
pt1)& (importance_all['year_month']==opt2)& (importance_all['model_target'
]=='y_weekend')].copy()
```

305

第2部 機械学習システム
第10章 機械学習システムのダッシュボードを作成する10本ノック

```python
    importance_tg_wd.sort_values('importance',ascending=False,inplace=Tru
e)
    importance_tg_we.sort_values('importance',ascending=False,inplace=Tru
e)

    importance_tg_wd = importance_tg_wd.head(10)
    importance_tg_we = importance_tg_we.head(10)

    fig, (ax1, ax2) = plt.subplots(1, 2, figsize=(15,5))
    plt.subplots_adjust(wspace=0.25, hspace=0.6)
    ax1 = fig.add_subplot(1, 2, 1)
    plt.barh(importance_tg_wd['cols'], importance_tg_wd['importance'])
    ax1.set_title('平日')

    ax2 = fig.add_subplot(1, 2, 2)
    plt.barh(importance_tg_we['cols'], importance_tg_we['importance'])
    ax2.set_title('週末')

s1_option = importance_all['model_name'].unique()
s2_option = importance_all['year_month'].unique()

select1 = Select(options=s1_option)
select1.observe(s1_update, names='value')

select2 = Select(options=s2_option)
select2.observe(s2_update, names='value')

display(select1, select2)
```

ノック99：機械学習モデルの変数重要度の分析ダッシュボードを作成しよう

■図10-13：変数重要度分析ダッシュボード

GradientBoostingでは、order_weekendやorder_weekdayが支配的ですが、delta_avgも小さいながら上位に来ていることがわかります。フィルタを用いて他のモデルを見てみましょう。どのモデルでも、order_weekendやorder_weekdayが比較的大きく寄与しています。

ノック100:
機械学習モデルの予測結果検証のための可視化をしよう

いよいよ最後のノックになりました。最後は、簡易的な可視化を行います。しかし、そこには重要な知見が隠されています。機械学習は、未知のデータを予測することが目的です。そこで、5月から8月までの実際の精度を可視化してみましょう。縦軸に平日/休日モデルを、横軸に予測を行った年月を持ってきて、正解率を**ヒートマップ**にしてみます。

```
view_data = report_valid.copy()
view_data.loc[(view_data['score_weekday'] >= 0.5)&(view_data['y_weekday']==1), 'correct_weekday'] = 1
view_data.loc[(view_data['score_weekday'] < 0.5)&(view_data['y_weekday']==0), 'correct_weekday'] = 1
view_data.loc[(view_data['score_weekend'] >= 0.5)&(view_data['y_weekend']==1), 'correct_weekend'] = 1
view_data.loc[(view_data['score_weekend'] < 0.5)&(view_data['y_weekend']==0), 'correct_weekend'] = 1
view_data.loc[:,'count'] = 1
view_data.fillna(0, inplace=True)
view_data = view_data.groupby('pred_year_month').sum()[['correct_weekday', 'correct_weekend', 'count']]
view_data.loc[:, 'acc_weekday'] = view_data['correct_weekday'] / view_data['count']
view_data.loc[:, 'acc_weekend'] = view_data['correct_weekend'] / view_data['count']
view_data = view_data[['acc_weekday','acc_weekend']]
```

```
sns.heatmap(view_data.T, cmap='Blues', annot=True, yticklabels=2, linewidt
hs=.5)
```

■図10-14：予測結果検証用ダッシュボード

　可視化を行うと、7月の正解率が非常に低いのがわかります。ここまで、時間という軸をあまり考慮していないモデルを構築してきました。学習とテストデータの分割も時系列をあまり意識せずに全部のデータをランダムに分割しています。統計的に全体を見れば精度が高く見えていますが、今回のように、月で追っていくと著しく精度が低下している月があることがわかります。今後、データが蓄積できてきたら、もう少し時系列を意識してモデルを構築するのが良いでしょう。実際には、今回のような簡単なケースではモデルを構築する時点で気付けることが多いのですが、検証をしていくと見えてくることも多々あります。

　そういった観点からも、PDCAサイクルを高速に回すことを意識し、継続的に検証するための仕組みを早い段階で構築するのが良いでしょう。

　これで、第10章のノックは終了し、それと同時に100本すべてのノックが終

第2部 機械学習システム
第10章 機械学習システムのダッシュボードを作成する10本ノック

わりました。最後の10本は、良い意味でも悪い意味でも気づきになったのではないでしょうか。機械学習は、無敵のツールではありません。だからこそ、検証の仕組みを構築するのが重要なのです。

　第2部では、機械学習システムの構築に向けて、1つずつ機能を理解しながら作成してきました。第6章では機械学習に向けたデータ加工を、第7章ではモデルの構築を、第8章では新規データ予測の機能を作成しました。それらを取り入れて、第9章でデータや処理の流れを整理しながら、継続的にデータを蓄積しつつ、機械学習による現場改善レポートを行える仕組みを構築しました。さらに、第10章では、第1部の知見も活かし、自分自身が構築した機械学習モデル自体を分析できるダッシュボードを構築し、検証の仕組みを整えました。ここから、さらにモデルを発展させ、現場での施策につなげ、効果を上げていきましょう。それらは、すべてパソコン1台で始められることなのです。

310

おわりに

　実践機械学習システム100本ノック、如何でしたか？

　第1部ではデータ分析の基本となるデータ加工から、効果的な可視化を行うための技術と、それを現場で活用するための考え方について学びました。その上でデータ分析システムを構築し、継続的に回す意味とその効果を意識することができました。そして第2部では、過去の状況から未来を予測するための機械学習を学び、得られた情報をどのように施策につなげればよいか、その効果をどう評価すればよいのかを理解してもらえたのではないでしょうか。

　様々なライブラリが揃い、技術書をはじめインターネットでの情報収集も簡単に行える昨今、単純な可視化やデータ分析、そして機械学習まで、その気になれば誰もが実践できる時代に近づいたのではないでしょうか。しかし、ただ技術を学んでも、それをどのように活かすのかを知らなければ、顧客は勿論、仲間内の理解も得られず、せっかくの知識が無駄になってしまうかもしれません。本書では、単純に技術を伝えるのではなく、その先に何が見えるのか、それをどうすれば現場で役立ち、共感してもらえるのかまで伝えようという意識をもって執筆しました。

　私達が大事にしていることは、顧客や現場を意識した仕組みを構築するという意識です。様々なデータ分析プロジェクトやAIプロジェクトを行う中で求められること、評価されることの1つとして、適切な情報をクイックに出していくということがあります。そのためには、開発した当事者でなくても処理を回すことができ、簡単に繰り返し利用できるシステムが必要となります。本書で記載した仮説や仕組み、フォルダ構成が、あらゆる状況下で最適とはいえないかもしれませんが、ここで身に付けた知識にほんの少しの工夫をすることで、様々な状況に対応できるものと信じています。

　本書の執筆にあたり、多くの方々のご支援をいただきました。前作の著者である松田雄馬さんにはエキスパートの視点でのアドバイスをいただき、千葉彌平さんには特に環境面でバックアップしていただきました。エンジニアとして数多くの案件に中心的役割で従事されている、弊社パートナーの鈴木浩さん、高木洋介さんにも的確なアドバイスをいただき、田辺純佳さんには企画段階での技術調査

おわりに

にお力添えいただきました。また、本書の査閲に関しては、露木宏志さん、中村
智さん、神谷秀明さん、佐藤百子さん、森將さんにご協力いただきました。そし
て様々な研究開発をご一緒させていただいている五洋建設株式会社の鵜飼亮行様、
坂本順様、菊原紀子様には、マネージャーとしての視点や現場目線での貴重なア
ドバイスをいただきました。そして最後に、本書出版にあたって、合同会社アイキュ
ベータのスタッフの皆さんのご尽力と、ご家族の皆様のご理解・ご協力により完
成することができました。心より感謝申し上げます。

索引

数字

4象限マトリックス................221

D

dropna......................207, 210

F

feature_importances................224
fit................................220
F値..............................221

G

get_dummies.....................216
Gradient Boosting..................228

K

K-means法.........................58

M

matplotlib.........................51
metrics..........................222

P

pickle............................227
pickle.dump......................228
pickle.load......................247
predict..........................248
predict_proba....................248

S

scikit-learn.......................217
seaborn.......................57, 250

T

t-SNE.............................62

あ行

アンサンブル学習..................228
折れ線グラフ.......................71

か行

過学習........................222, 304
カテゴリカル変数.............215, 245
関数化............................131
木系アルゴリズム..................224
教師あり学習......................189
教師なし学習.......................58
クラスタリング.....................58
クレンジング......................290
クロス集計.........................53
欠損値............................27
決定木...........................219
交差検証..........................217
勾配ブースティング................228
混同行列......................221, 301

さ行

再現率...........................221
次元削減..........................62
四分位数..........................95
重要度......................224, 305
ジョイン..........................32
スライドバー.......................76
正解率...........................221
精度評価......................283, 299
説明変数.........................205
セレクトボックス...................73
相関..............................92
相関係数..........................93

た行

多重共線性.......................216
ダッシュボード............65, 96, 296
陳腐化...........................292
データ型..........................45
データチェック機構..........240, 263
データフロー.....................259
適合率...........................221
統計量............................28
トグルボタン......................78
ドロップダウン....................69

313

索引

は行

汎化性能 217
ヒートマップ 250, 308
ヒストグラム 52
ピボットテーブル 53
標準化 59
フィルタ 299
フォルダ構成 147, 189, 260
フォルダ操作 147
分割 217
分類 189

ま行

目的変数 205
モデル構築 219, 271
モデル評価 233, 304

や行

ユニオン 20
予測 220

ら行

乱数種 217
ランダムフォレスト 228
レポーティング 109, 130
ロギング 179

わ行

ワンホットエンコーディング 216, 245

著者紹介

下山　輝昌 (しもやま　てるまさ)

　日本電気株式会社(NEC)の中央研究所にてハードウェアの研究開発に従事した後、独立。機械学習を活用したデータ分析やダッシュボードデザイン等に裾野を広げ、データ分析コンサルタントとして幅広く案件に携わる。それと同時に、最先端テクノロジーの効果的な活用による社会の変革を目指し、2017年に合同会社 アイキュベータを共同創業。人工知能、Internet of Things(IoT)、情報デザインの新しい方向性 や可能性を研究しつつビジネス化に取り組んでいる。

　共著『Tableauデータ分析～実践から活用まで～』『Python実践データ分析100本ノック』(秀和システム)。

三木　孝行 (みき　たかゆき)

　ソフトウェア開発会社に勤務し、大手鉄道会社、大手銀行等の大規模基幹システムの開発を統括。システム・ITにおける、要件定義、設計、開発、リリースまで全工程を経験。2017年に最先端テクノロジーの効果的な活用による社会の変革を目指し、合同会社アイキュベータを共同創業。データ分析やAIにおけるコンサルティングやシステム開発プロジェクトを推進し、事業拡大を行っている。特に、要件が定まる前の段階の顧客に対して、顧客と一体となって様々な視点から最適な技術を設計し、実証実験を推進していく部分に強みを持つ。また、プログラミングスキルについては、独学で各種言語を習得し、C言語より高水準の言語を扱える。

　共著『Python実践データ分析100本ノック』(秀和システム)。

伊藤　淳二 (いとう　じゅんじ)

　携帯電話会社のバックオフィスに従事し、当時課題であった業務効率化 / 情報連携ツールを独自に開発したことをきっかけにシステム開発の喜びを知る。それを契機に、システムエンジニアとして本格的に転身した後、鉄道系や電力系の基幹システム開発等に従事。要件定義から設計、開発、運用までの各工程で力を発揮。現場目線で提案できるエンジニア兼プロジェクトマネージャとして、数々の案件を成功に導く。その後、AIコンサルティング・データアナリティクスを行う合同会社アイキュベータに合流。これまでの経験を活かし、現場目線を重視したAI導入を推進し、AIシステム開発、データ分析に関する数多くの案件を牽引している。

カバーデザイン 岡田 行生(岡田デザイン事務所)

Python 実践機械学習システム 100本ノック

発行日	2020年 12月 8日	第1版第1刷
	2021年 2月 3日	第1版第2刷

著　者　下山　輝昌／三木　孝行／伊藤　淳二

発行者　斉藤　和邦
発行所　株式会社 秀和システム
　　　　〒135-0016
　　　　東京都江東区東陽2-4-2　新宮ビル2F
　　　　Tel 03-6264-3105（販売）　Fax 03-6264-3094
印刷所　三松堂印刷株式会社　　　Printed in Japan
ISBN978-4-7980-6341-6 C3055

定価はカバーに表示してあります。
乱丁本・落丁本はお取りかえいたします。
本書に関するご質問については、ご質問の内容と住所、氏名、
電話番号を明記のうえ、当社編集部宛FAXまたは書面にてお
送りください。お電話によるご質問は受け付けておりませんの
であらかじめご了承ください。